集中マスター！

自主保全士 2級検定試験 要点整理＆問題集

オペレーターのための検定試験

○必要事項を簡潔にまとめた内容
○速効学習！一問一答［学科式］による
豊富な問題（実戦問題・模擬問題）

エルク研究所　編著

弘文社

まえがき

日本の製造業は，その高いレベルが世界で認められています。その製造レベルを支えるのが，製造オペレーターです。

公益社団法人日本プラントメンテナンス協会では，製造オペレーターに求められる知識と技能について，（保全機能の一部を含めた）製造部門の機能や管理技術を客観的に評価するための尺度を定め，「検定試験」，「オンライン試験（IBT方式）」ならびに「通信教育」によって，「自主保全士（１級・２級）」を認定しています。

本書はその検定試験のための学習内容を集中してマスターするためのテキスト＆問題集となっております。本書は，内容的に２級に対応しています。

製造オペレーターに求められる知識と技能とは，具体的には次のようなものとなっています。

１）自主保全に関する「４つの能力」

① 異常発見能力
② 処置・回復能力
③ 条件設定能力
④ 維持管理能力

２）現場管理に関する「５つの知識・技能」

① 生産の基本
② 生産効率化とロスの構造
③ 設備の日常保全（自主保全活動）
④ 改善・解析の知識
⑤ 設備保全の基礎

本書は，検定試験に出題される内容として，２）の現場管理に関する「５つの知識・技能」について章を設け，それらの内容や検定試験の過去問を徹底的に分析し，試験合格に必要な内容を要領よくわかりやすく解説しています。これによって，短期間で効率よく合格のための実力を付けることができます。その実力が十分に付くと，１）の自主保全に関する「４つの能力」も自然と身に付くようになっています。

１級および２級の内容は，ほぼ同様ですが，１級の方が問題で問われる内容レベルが若干高くなっています。

本書を活用され，検定試験合格の栄冠を勝ち取られることを祈ってやみません。

目次

2023年度の検定試験より，試験科目範囲の移動や内容の追加等，若干の変更が出ています。本書籍では，全ページを学習していただくことで必要な学習内容が網羅できますように，対応する改訂を行っております。

自主保全士検定試験 受検ガイド

（＊本書記載の情報は，変更される可能性もあります。
詳しくは試験機関のウェブサイト等でご確認ください。）

◆等級区分

等級	役割と求められる能力
1級	職場チーム（小集団）における中心的，リーダー的な存在となり，自主保全を展開する上での計画・立案と実践指導ができる
2級	製造（生産）に関わる部門の一員として，自身の業務に従事しながら，自らが関わる設備や工程・作業について自主保全を実践できる

◆受験資格

受験には，試験当日までに以下の実務経験を有している必要があります。なお，学歴や他の資格による受験資格の短縮や優遇はありません。実務経験年数は，実務を開始した日から試験日までで計算します。

等級	実務経験年数
1級	4年以上
2級	0年

◆試験日

検定試験（通常10月）／オンライン試験（翌年1～2月頃）

◆試験形式

検定試験は，学科試験，実技試験ともにペーパー試験で実施します。出題形式と問題数は下表のとおりです。

	1級	2級
学科試験	正誤判定（○×式） 100問	
実技試験	多肢選択式 10課題程度	

◆試験時間

検定試験時間は，１級，２級ともに，学科試験・実技試験あわせて120分です。120分は連続して試験を行い，学科試験・実技試験の解答順序や時間配分は決められていません。

◆認定（合格）基準

１級および２級において，学科試験および実技試験のそれぞれについて，学科試験75％以上かつ実技試験75％以上の正答であることとなっています。

◆オンライン試験（IBT方式）について

2021年度よりオンライン試験（IBT方式）も実施されています。

検定試験（10月開催）との並行受験が可能で，同年度の検定試験の結果を見てから受験申請をして，年度内に再チャレンジすることができます。

オンライン試験はインターネットを使用した試験方法で，ネット環境とパソコンがあれば，試験期間中の自分の都合のよい時間に受験が可能です。

オンライン試験の出題形式と問題数は1，2級ともに下表のとおりです。

区分	出題形式	問題数
A 群	正誤判定式（従来学科）	30 問
B 群	多肢選択式（3 択（a/b）形式）	60 問
C 群	多肢選択式（従来実技）	60問

試験時間：試験時間は90分です。90分は連続して試験を行い，解答順序や時間配分は決められていません。試験開始後に中断や試験時間の分割はできません。

合格基準：１級，２級ともに，75%以上の正答であること。

◆お問い合わせ先

公益社団法人 日本プラントメンテナンス協会

URL https://www.jipm.or.jp

なお，自主保全士に関しては，

自主保全士認定制度のページをご覧ください。

URL https://www.jishuhozenshi.jp

検定試験，受験申込みに関するお問合せ先

⇒ **自主保全士検定試験 受験サポートセンター**

TEL ：03-5209-0553

お問い合わせフォーム：https://www.jishuhozenshi.jp/contact/

◆実技試験の課題例（年度により多少の違いがあります）

1級 以下の中から10課題程度を出題	2級 以下の中から10課題程度を出題
・作業の安全 ・TPM ・QC手法（管理図） ・新QC手法 ・自主保全活動支援ツール ・自主保全仮基準書の作成 ・発生源・困難箇所対策 ・総点検 ・自主点検 ・【選択問題】 ［選択A］設備総合効率（加工・組立） ［選択B］プラント総合効率 （装置産業） ・故障ゼロの考え方 ・ＰＭ分析 ・作業改善のためのIE ・締結部品 ・空気圧 ・測定機器 ・駆動 ・伝達 ・図面の見方	・作業の安全 ・5Sに関する知識 ・TPM ・QC手法 ・自主保全の基礎知識 ・自主保全活動支援ツール ・初期清掃 ・発生源・困難個所対策 ・【選択問題】 ［選択A］設備の効率化を阻害するロス（加工・組立） ［選択B］プラントの効率化を阻害するロス（装置産業） ・故障ゼロの考え方 ・ＱＣストーリー ・なぜなぜ分析 ・作業改善のためのIE ・空気圧 ・工具 ・測定機器 ・油圧 ・測定機器 ・図面の見方
・出題形式は，多肢選択式です。 ・多肢選択式の解答用紙にはマークシートを使用します。 ＊選択問題が出題された場合，試験当日に受験者が［選択A］または［選択B］のどちらかを選んで解答します。 ＊上記の複数の課題にまたがる問題が出題されることもあります。	・出題形式は，多肢選択式です。 ・解答用紙にはマークシートを使用します。 ＊選択問題が出題された場合，試験当日に受験者が［選択A］または［選択B］のどちらかを選んで解答します。 ＊上記の複数の課題にまたがる問題が出題されることもあります。

※実技試験の課題は，2022年度まで年度ごとに公開されていましたが，「製造現場での**実践力を適切に評価**する」という観点から，2023年度より実技課題の公開が廃止されています。「自主保全士の範囲（科目・項目・細目）」から出題される点は変更ありませんので，上記過去の出題例を参考程度にご参照ください。

本書の特徴と活用方法

1　本書は，各項目のはじめに**学習のポイント**を示しています。どのようなことを学習するのかを明確につかむことで，学習の効率化がはかれます。

2　**試験によく出る重要事項**で，試験問題を解くための知識をしっかり習得しましょう。わかりやすい表現を用い，図解を織り交ぜながら試験でねらわれる事項について解説しています。

3　腕試しとして**実戦問題**に挑戦しましょう。実戦問題には，次の問題を用意してあります。

・実戦問題（2級問題）

これらの問題を解いてみて，わからなかった部分や不安が残る部分は，試験によく出る重要事項に戻って復習しましょう。

また，**索引**も充実させています。わからない用語を調べるときに非常に便利です。

4　本書では，項目ごとに**重要度**を次のように3段階で表示しています。学習の目安として活用して下さい。

重要度★★★	重要度★★☆	重要度★☆☆
かなりの頻度で出題され，重要度がきわめて高い項目	出題されることが多く，重要度が高い項目	さほど多くは出題されないが，ある程度重要な項目

本書は，簡潔な速効学習に的を絞っているため，すべて「学科」の正誤判定式に沿った形の問題になっています。「実技」は多岐選択式ですので，その出題形式は異なりますが，内容は実技の範囲も網羅しています。

試験機関（公益社団法人 日本プラントメンテナンス協会）ホームページにて各試験の出題サンプルが公開されていますので，参照してください。

第１章　生産の基本

第１節　安全衛生

第２節　品質管理

第３節　工程，職場，環境の管理

第１節 安全衛生

学習ポイント

・安全衛生活動は生産の基本だが，実際はどんなことが行われるのだろう。

試験によく出る重要事項

1－1　職場の安全　重要度★★★

1 安全衛生活動（「安全は全てに優先する」を実践するために）

その内容	働く人が傷病や災害を受けないように事故防止する。 万一の災害発生の際には身体や企業活動が受ける損害を最小限にとどめる。
継続するために	日常の仕事の中に，その活動を組み入れていくこと。

2 不安全状態と不安全行動

不安全状態	災害や事故を起こす原因となるような，状態あるいは環境 （例：有害物質の存在，服装の欠陥，設備上の欠陥など）
不安全行動	災害や事故を起こす原因となるような，人の行動 （例：決められた作業を守らない，保護具を使わない，など）

3 安全衛生点検

法規に基づく定期点検	法令ごとに方法，期間（頻度）が定められている
日常点検 （自ら実施，部下に指示）	①　持込前点検：用具等の準備段階の点検 ②　始業点検：作業開始前点検 ③　作業中点検：使用中の機器等の点検 ④　作業終了時点検：作業場所や周囲の点検
特別点検（異常時の点検）	暴風雨・地震などの後，異常の有無を点検

4 ヒューマンエラー対策（ヒューマンエラーとは，意図しない人為的ミス）

・人は誰でも過ちを起こしやすい動物。
・きちんと作業しているつもりでもミスが起きることがある。
・このようなことを起こさないような仕組みづくりが重要。

5 本質安全設計

フェイルセーフ	機器や設備に何らかの異常が発生しても，被害を最小限にとどめ，安全側に作動するように設計すること
フールプルーフ	作業者がかりにミスをしても，災害や事故にならない仕組みに設計すること

6 3H管理（とくに注意して管理すべきところ）

はじめの管理（初期流動管理）	スタート時点の管理
変更管理	条件を変えた時の管理
変化点管理	環境が変わった時点の管理

7 HHK活動

H（ヒヤリ）H（ハット）K（気がかり）を随時提案する活動。
これを組織全員で行い，重要なものには対策を講じる。

8 ハインリッヒの法則

経験的に1件の重大な事故や災害の背景には軽微な事故や災害が29件起きていて，ヒヤリ・ハットが300件あったという調査結果からきた法則です。

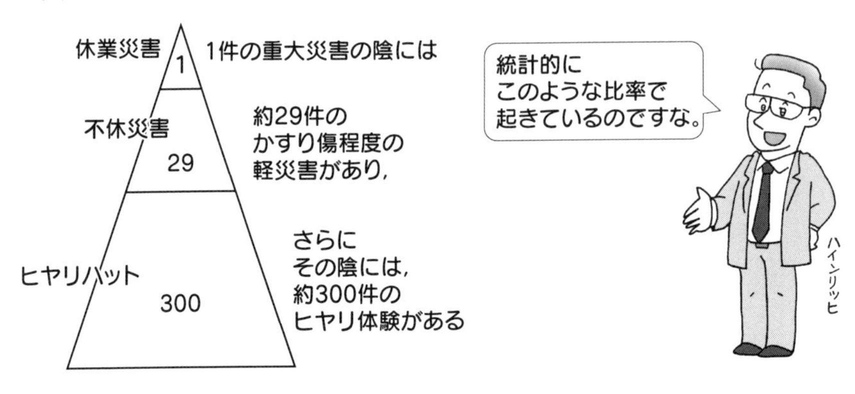

9 KY活動（危険予知活動）

危険を事前に察知する能力を高める活動。次の4ラウンド方式が有名。

第1ラウンド	（作業するイラスト・写真などを見て）危険を予測：現状把握
第2ラウンド	予測された危険のうち重要なものをピックアップ：本質追究
第3ラウンド	最も危険なものを避けるための対策を検討：対策樹立
第4ラウンド	安全に行動するために何をするか決める：目標設定

10 指差呼称（しさこしょう，または，ゆびさしこしょう）

対象の安全性を，指を指し，目で見て，
頭で判断して，口に出す動作。

11 5W1H

データ整理の際の基本事項です。これらを明らかにすることが重要です。
5W：Who（誰が），What（何を），When（いつ），Where（どこで），Why（なぜ）
1H：How（どのように）

12 三現主義と五ゲン主義

三現主義	現場，現物，現象（現実）
五ゲン主義	現場，現物，現象（現実），原理，原則

（三現主義は実際を重視すること，加えて五ゲン主義は本質も重視）

13 3Sおよび5S

3S：整理，整頓，清掃
5S：整理，整頓，清掃，清潔，躾(しつけ)

1-2 リスクアセスメント　重要度★☆☆

職場の潜在的な危険性や有害性を評価し，対策をとるための手法

1 リスクアセスメントの基本的な手順

手順1	危険性あるいは有害性の特定
手順2	危険性あるいは有害性ごとの見積もり
手順3	リスク低減のための優先度設定・措置内容の決定
手順4	リスク低減措置の実施
手順5	基準に基づく客観的な評価・継続的活動

1－3　作業安全用保護具（労働衛生保護具）　重要度★☆☆

直接に生産のためのものではないが，安全や災害防止のためのもの。

1 各種の保護具

ユニフォーム	丈夫で働きやすく，寒暖に耐えられるもの。デザインも重視。
ヘルメット	保護帽ともいう。頭に加わる外力の低減。
安全靴	誤って重量物が落下した際の保護。有害物や高電圧も防ぐ。
保護メガネ	障害を与える飛来物・薬物や有害光線から眼を保護。
安全帯	高所作業中に万一落下しても災害を防ぐための帯（命綱）。
手袋	いわゆる保護手袋。ただし，巻き込まれる機械では不使用。
防じんマスク	人体に有害な粉じんやミストを吸入しないために使用。

2 保護具の管理項目

保護具使用の標準化	標準化の実施およびその徹底。
共用保護具	必要数を備えているか。管理者（保管責任者）はいるか。
個人貸与保護具	対象者を明確にしているか。
点検責任者	点検の実施と報告の徹底。
保管場所	所定の保管場所を全員が知っているか。
緊急用保護具	標識を明示しているか。
保護具の更新	老朽化や損傷したものの速やかな更新。
保護具の装着	正しい装着がなされているか。
マスクの気密検査	検査の実施。
使用後の手入れ	基準を守って行われているか。

1-4　その他の安全　重要度★★☆

1 工作機械における作業安全の一般的注意事項

① 機械は十分に整備し，周囲の整理整頓も行う。
② 機械および安全装置の始業点検を確実に。
③ 所定の担当者以外のものは使用しない。
④ 工作物や刃物などは，確実に取り付ける。
⑤ スイッチの開閉は確実に行う。
⑥ 作業中の作業員に，みだりに話しかけない。
⑦ 重量物の取り付け取り外しは，所定の器具によって行う。
⑧ 運転中に異常を発見した時は，ただちに運転停止し，責任者に連絡する。
⑨ 運転中の機械のそばから，みだりに離れない。
⑩ 回転機器などには絶対に手を触れない。
⑪ 停電時は，すぐスイッチを切り，ベルト，クラッチ，送り装置を遊びの位置にセットする。
⑫ 大型工作機械を複数人で扱うときは，合図を確認して連絡を密にする。
⑬ 工作物の寸法測定などの作業は，機械を止めて実施。
⑭ 機械の停止に際し，慣性で回転しているものは無理には止めない。
⑮ 切削などにおいて切り込んだまま停止せず，刃物は引き離して停止する。
⑯ 給油の不完全は，焼付き等の直接損失も，作業精度低下や摩耗劣化等の間接影響の原因ともなる。
⑰ 安全設備を勝手に取り外さない。

2 電気機器作業における安全の一般的注意事項

感電	人体に通電する事故で，単にビリッとする以外に，苦痛によるショック，筋肉の硬直，最後は死に至ることあり。
アーク溶接作業	アーク発生のない出力側電圧を無負荷電圧という。無負荷電圧が高いほど，アークは安定し溶接作業が容易になる。無負荷状態でホルダーや溶接機に触れると電撃を受けるおそれがあるので，自動電撃防止装置を付ける。
レーザー光	レーザー光線は，エネルギー密度が高く，直接目に入ると危険。

3 **搬送機器**扱い作業における安全の一般的注意事項

クレーン取扱い	① 機器の性能を理解し，定格荷重を超える荷を吊らない。 ② 安全装置をみだりに取り外さず，また，ロックしない。 ③ ジブ（上部旋回体の一端を支点とした腕）の指定傾斜角を越えない。 ④ 所定の研修を受けていない者に運転代行させない。 ⑤ 機械が不調の際には，無理に運転しない。 ⑥ 運転は，必ず指名された一人の合図に従って行う。 ⑦ 吊り荷の下で危険な作業をしていないかに注意。
玉掛け	① 定格荷重と荷物の重量に注意。 ② 荷物の重心を正確に判断し，重心を低くし，真上にフックを誘導する。 ③ 玉掛けの方法。 1）吊り荷の重量に応じたロープ，チェーン，補助具を選定 2）ワイヤーロープはフックの中心に掛ける。 3）１本吊りは最も危険（回転，ズレなど）。４本吊りが基本 4）吊り角度は60度以内とする。 5）複数のものを同時に釣る時，落ちるものがないよう固定 6）吊り荷の上には絶対に載らない。

4 卓上ボール盤作業の安全対策

① 手袋は使わない。巻き込まれる危険性が大きい。
② 保護めがねをかける。
③ 長髪（女性も男性も）は，巻き込まれないように頭の後ろで束ねる。
さらに帽子の着用が望ましい。
④ 加工物の固定は万力や他の固定具を用い，確実に取り付ける。
⑤ 加工物の材質に適したドリル（の形状や材質）を使う。
⑥ 穴の中心位置をポンチ等で決めてから行う。
⑦ 大きい穴はドリル径を（最初は小さな径から）段々に大きくして行う。
⑧ 細いドリルは回転数を速く，太いドリルは遅くする。
⑨ 加工物表面に対してドリルは垂直に穴あけを行う。
⑩ 穴の貫通時はドリル刃先に大きな力がかかるので，ゆっくり慎重に行う。
⑪ 薄板にあける時は材料の下に同じ材質の物（捨材）を当てて行う。
⑫ 長円（小判形）の穴あけは，ドリル穴が重ならないようにあけてからヤスリ等で仕上げる。もしくは専用工具，機械で加工する。
⑬ ドリル呼び径より深い穴は，ドリル径分ずつ穴の深さをあける。

5 酸素欠乏の危険のある作業

・空気中には21％の酸素があって，低くなるほど危険。
・18％未満を酸素欠乏（酸欠）という。
・常に18％以上に保たなくてはいけない。
・酸欠では，頭痛，吐き気，めまいが起こり，重症になると，意識不明，さらには死に至る。

6 酸素欠乏症等防止規則（抜粋）

① 作業者は，特別教育を修了した者。
② 酸素欠乏危険作業主任者の指揮のもとで作業すること。
③ 酸素濃度計などの測定器を携帯し測定すること。
④ 作業中は，常に酸素濃度が18％以上になるように換気すること。
⑤ 入退場の人員を確実に確認すること。
⑥ 呼吸用保護具の着用が指示されたときは，順守すること。
⑦「立入禁止」の表示をすること。
⑧ 単独での作業は，行わないこと。
⑨ 呼吸用保護具や避難用具を備えておくこと。

1-5　安全監査（安全パトロール）　重要度★☆☆

職場のトップを中心メンバーとして，職場の安全管理の実施状況を現場で確認するために行う。

1-6　安全管理効果の指標としての確認　重要度★★☆

災害度数率	災害発生の頻度指標（100万延べ労働時間あたりの死傷者数） $$災害度数率=\frac{労働災害による死傷者数}{延べ労働時間数}\times 100万$$
災害年千人率	労働者千人当たりの年間死傷者数 （労働者数に変動ある場合は平均値） $$災害年千人率=\frac{死傷者数}{平均労働者数}\times 1000$$
災害強度率	1000労働時間当たりの災害による労働損失日数 $$災害強度率=\frac{延べ労働損失日数}{延べ実労働時間}\times 1000$$
損失日数	負傷のために労働できなくなった日数

1-7　労働衛生マネジメントシステム　重要度★★★

1 管理のサイクル／PDCAサイクル

・管理者が，労働者の協力のもとに，次のサイクルを回して，継続的な労働衛生環境を維持し向上していくための仕組み。

> P（プラン/計画）→D（ドウー/実施）→C（チェック/評価）→A（アクト/改善）→P

このシステムは，後述する品質管理や環境管理においても共通。

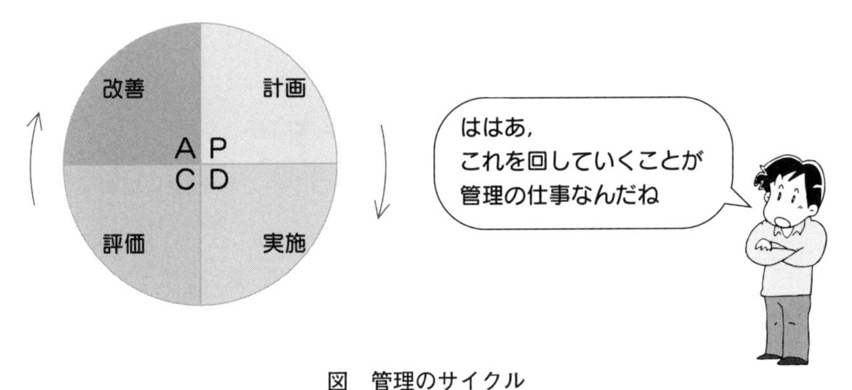

図　管理のサイクル

1 実戦問題

以下の問題文が正しければ，○を，誤っていれば×をマークしなさい。

□ □ **問1** 安全衛生活動を継続するためには，日常の仕事の中に，その活動を組み入れていくことが効果的である。

□ □ **問2** ヒヤリ事故とは，単にヒヤリとしただけの無災害のものをいう。

□ □ **問3** ハインリッヒの法則の示すものは，休業災害，不休災害，ヒヤリハットの比率が，1：49：500の関係になるということである。

□ □ **問4** 酸素欠乏とは，空気中の酸素濃度が12％以下の状態をいう。

□ □ **問5** ヒューマンエラーは，疲労や睡眠不足によっても起こりうる。

□ □ **問6** 職場の清掃の目的は，設備などを徹底的に磨くなどして，きれいにすることである。

□ □ **問7** 事故や災害は，定常作業時に多く発生しやすい。

□ □ **問8** 作業者の注意力を十分に研ぎ澄ますことで，職場の事故は無くすことができる。

□ □ **問9** 大きな電流が流れるとブレーカーが自動的に落ちて機械が停止する仕組みは，フェイルセーフの一種である。

□ □ **問10** KYにおいて，KYTとは危険予知訓練，KYKは危険予知活動のことである。

1 実戦問題の解答と解説

問1　○　(解説)　その通りです。安全衛生活動を継続するためには，日常の仕事の中に，その活動を組み入れていくことが効果的です。

問2　○　(解説)　実際には「事故」にはなっていませんが，ヒヤリ事故とは，単にヒヤリとしただけの無災害のものをいいます。

問3　×　(解説)　ハインリッヒの法則は，休業災害，不休災害，ヒヤリハットの比率が，1：29：300の関係になるということです。

問4　×　(解説)　酸素欠乏とは，空気中の酸素濃度が18％未満の状態をいいます。

問5　○　(解説)　ヒューマンエラーは，疲労や睡眠不足による注意力不足などで起こりえます。

問6　×　(解説)　職場の清掃の目的は，清掃しながら，設備の状態をよく観察し，不具合やその予兆などの異常をはやく見つけることにあります。単にきれいにするというだけではありません。

問7　×　(解説)　事故や災害は，定常作業時よりも，非定常作業時に多く発生しやすいものです。非定常作業とは，通常とは違う作業のことで，いつもしていない作業の中で，トラブルが起こりやすいものです。

問8　×　(解説)　作業者の注意力も事故を防ぐものではありますが，それだけで職場の事故は無くなりません。設備的にヒューマンエラーをなくすことも同時に行わなければなりません。

問9　○　(解説)　これはその通りです。過電流が流れてブレーカーが落ちる仕組みは，フェイルセーフの一種です。

問10　○　(解説)　その通りです。KYにおいて，KYTとは危険予知訓練（トレーニング），KYKは危険予知活動のことです。

第2節 品質管理

学習ポイント

・品質管理において使われる手法には，どのようなものがあるのだろう。

試験によく出る重要事項

2-1　品質管理（QC）の基礎　重要度★★★

1 管理のサイクル

・基本的に，p22で出てきた安全衛生のPDCAサイクルと同じ。
・PDCAサイクルを少しずつでも何度も回すことによって，水準が上がっていく。

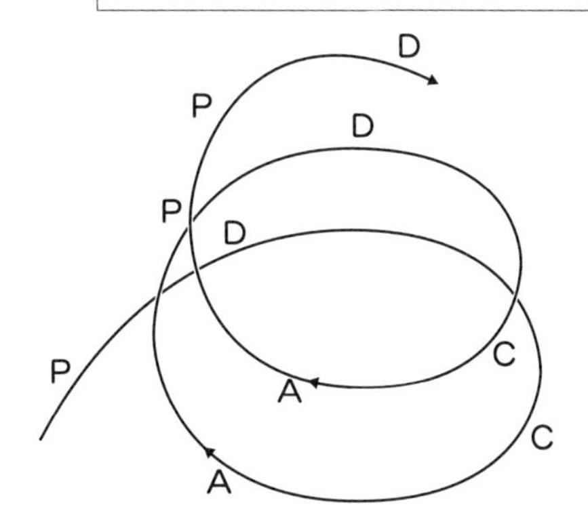

図　スパイラルローリングによる改善のイメージ

2 QCDS

Q＝Q＋C＋D＋S

Q	（広い意味の）品質
Q	（狭い意味の）品質
C	コスト（原価）
D	デリバリー（納期＋供給量）
S	セーフティ（安全）

3 広い意味での品質QCDSPME

QCDSに加えて，管理すべき項目	
P	生産性（プロダクティビティ）
M	モラル（倫理），および，モラール（士気）
E	環境（エンビロンメント，あるいは，エコロジー）

自主保全活動では，QCDSPMEの測定評価項目を用いて，BM（ベンチマーク，基準となるもの）と比較するなどして，評価することもあります。

2-2　QC七つ道具　重要度★★☆

1 QC七つ道具

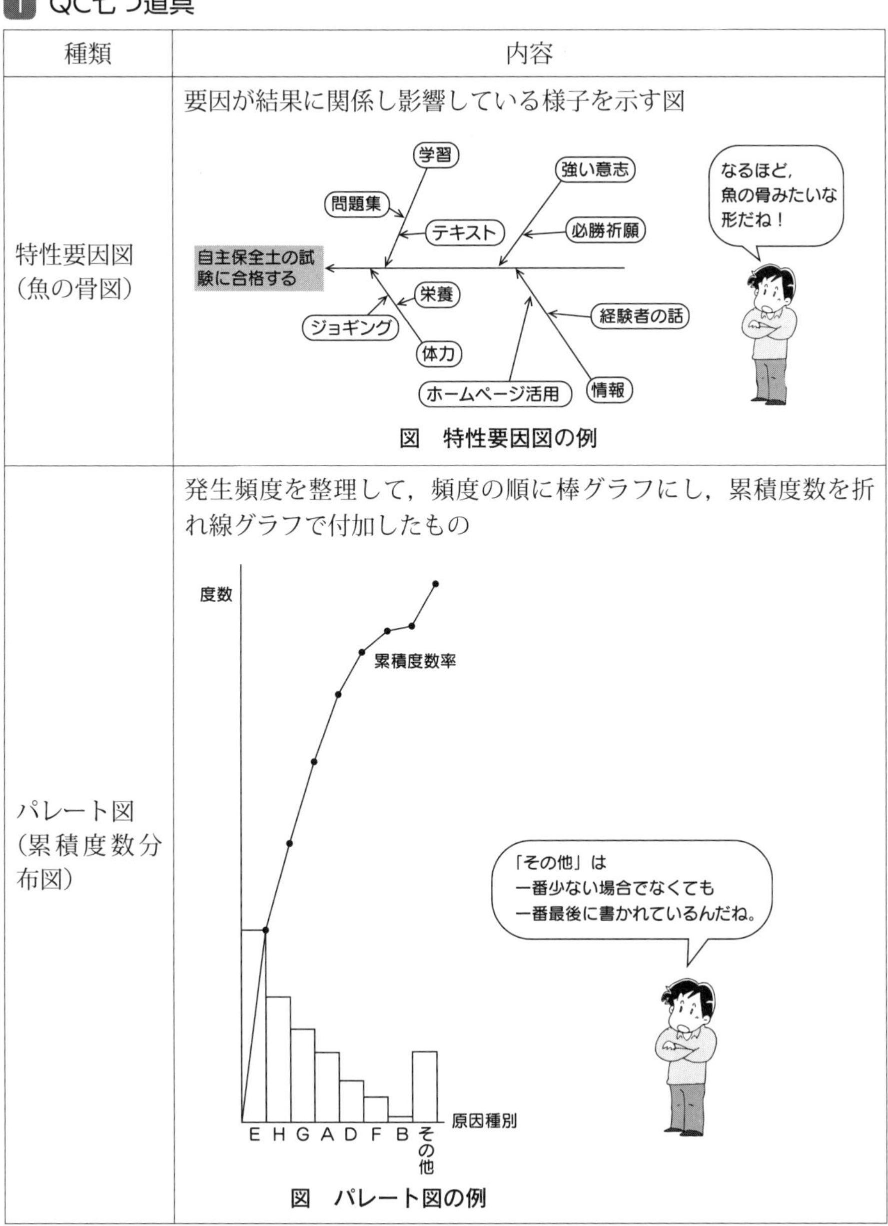

種類	内容
特性要因図 （魚の骨図）	要因が結果に関係し影響している様子を示す図 図　特性要因図の例
パレート図 （累積度数分布図）	発生頻度を整理して，頻度の順に棒グラフにし，累積度数を折れ線グラフで付加したもの 図　パレート図の例

<table>
<tr><td>チェックシート</td><td>頻度情報を加筆しつつ整理できるようにした表

工程異常のチェックシート
<table>
<tr><th>異常項目</th><th>A工程</th><th>B工程</th><th>C工程</th></tr>
<tr><td>回転不良</td><td>正</td><td>下</td><td>一</td></tr>
<tr><td>劣化</td><td>丁</td><td>一</td><td>丁</td></tr>
<tr><td>液漏れ</td><td>下</td><td></td><td>下</td></tr>
<tr><td>腐食</td><td>一</td><td>一</td><td>正</td></tr>
<tr><td>その他</td><td>丁</td><td>一</td><td>下</td></tr>
</table>
図　チェックシートの例

そうだよね，こうやってカウントしていくよね。
漢字の国ではそうだけど，欧米では卌という書き方が使われるらしいね。</td></tr>
<tr><td>ヒストグラム
（柱状図）</td><td>計量値のデータの分布を示した棒グラフ

度数
規格範囲
規格上限値
規格下限値
規格はずれ
品質評価軸
図　ヒストグラムの例
規格とヒストグラムの関係はそんなふうになっているのか。</td></tr>
<tr><td>散布図</td><td>2つの変量を座標軸上のグラフとして打点したもの

y
x
図　散布図の例
右上がりの場合は正の相関，右下がりの場合は負の相関</td></tr>
<tr><td>グラフ</td><td>数量データを表わすための図形
　棒グラフ，円グラフ，二重円グラフ，帯グラフ，折れ線グラフ，絵グラフ，地図グラフ，三角グラフ，レーダーチャート，ガントチャートなど</td></tr>
</table>

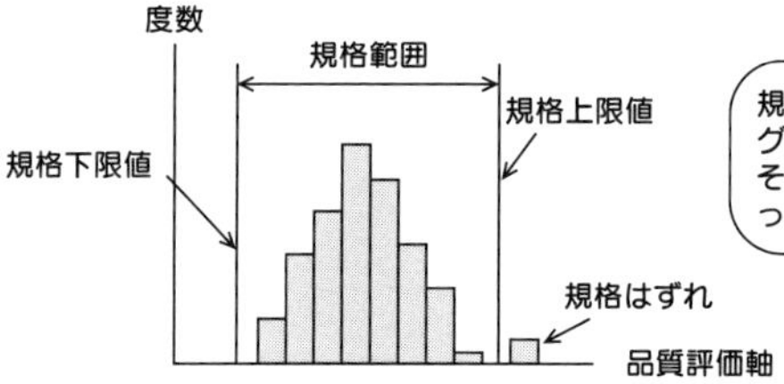

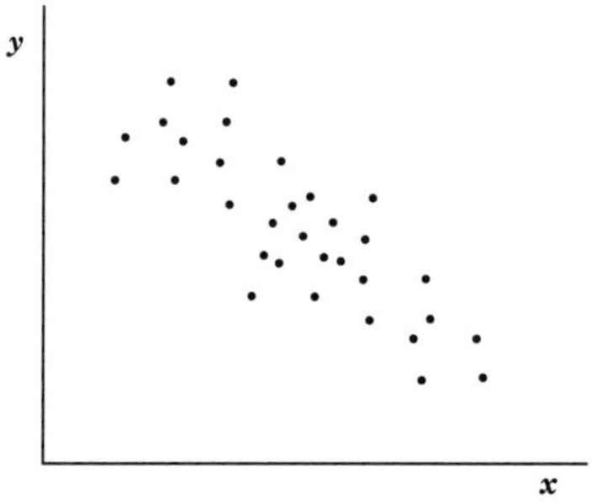

管理図・工程能力図	工程などを管理するために用いられる折れ線グラフ $\overline{X}$　UCL（上方管理限界線）　$\overline{\overline{X}}$ CL（中心線）　LCL（下方管理限界線） R　UCL（上方管理限界線）　LCL（下方管理限界線） 1 2 3 4 5 6 7 8 9 10 11 12 13 14 15 日 $\overline{X}$で特性値の値を Rでそのばらつきを 管理するんだね！ 図　$\overline{X}-R$ 管理図の例 $\overline{X}-R$管理図が最も多く使われるが，他に計数値管理のためのp管理図（不良率管理），np管理図（不良個数管理）などがある。

グラフと管理図を合体させて，新たに次の層別を加える立場もある。

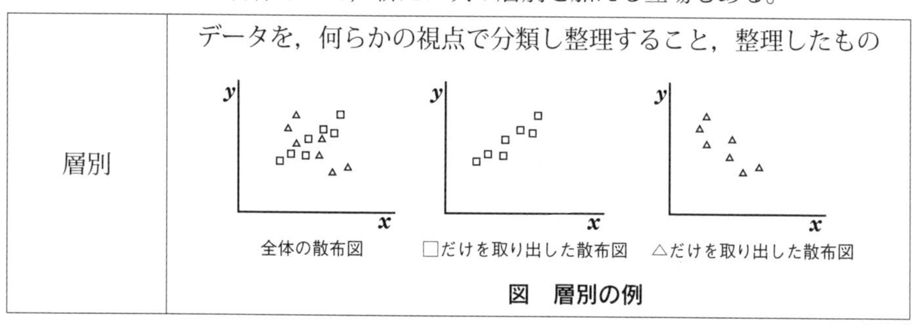

層別	データを，何らかの視点で分類し整理すること，整理したもの 全体の散布図　□だけを取り出した散布図　△だけを取り出した散布図 図　層別の例

特性要因図 パレート図 チェックシート ヒストグラム 散布図 管理図 グラフ	特性要因図 パレート図 チェックシート ヒストグラム 散布図 グラフ・管理図 層別

QC 七つ道具と言っても
立場によって
少し違うものが入っている
ものもあるんだね！

図　QC七つ道具の二つの立場

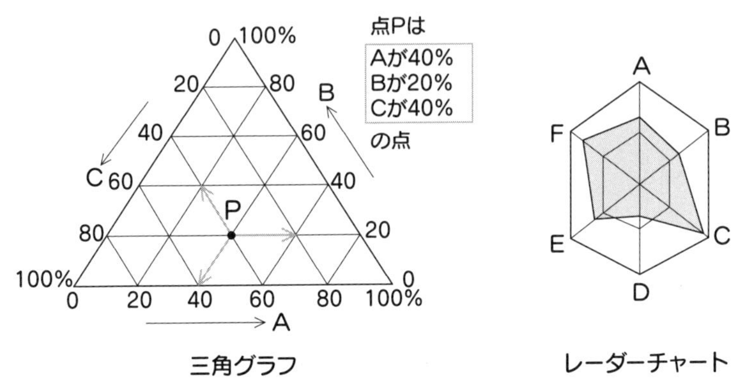

三角グラフ　　　　　レーダーチャート

図　三角グラフとレーダーチャートの例

A　D　B　C　その他

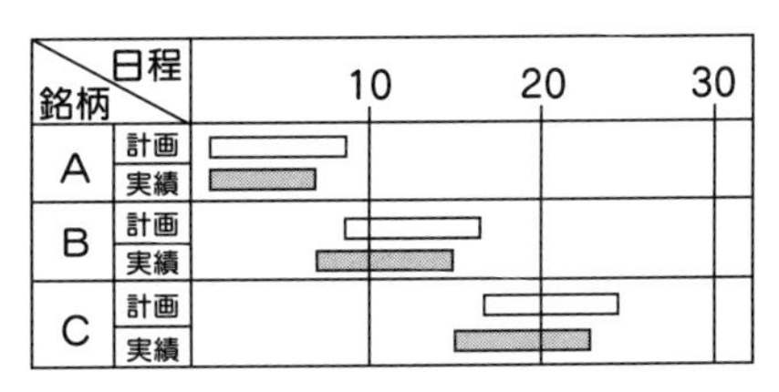

帯グラフ　　　　　ガントチャート

図　帯グラフとガントチャートの例

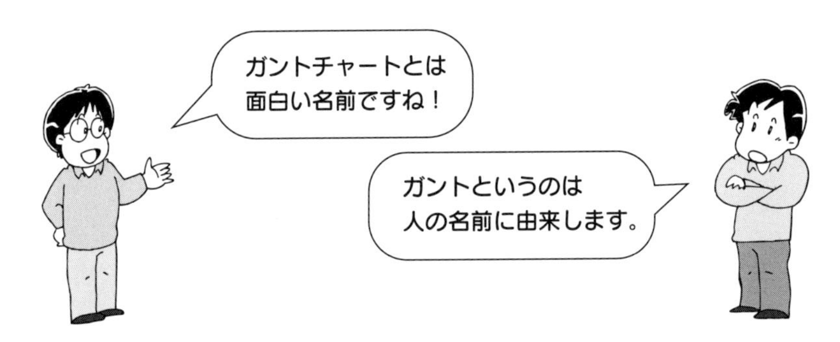

2-3　QCデータ管理　重要度★★☆

品質管理においてデータを扱う際には，それが統計的な対象であることを認識する必要がある。

1 重要な統計用語

正規分布	ガウス分布ともいい，多くのデータの分布。山形で左右対称
標準偏差	中心値からのばらつき（不揃いの程度）の平均的数値でσ（シグマ）と書かれる。ほとんどのデータが±3σの中に入る。 標準偏差σまたは$s=\sqrt{\dfrac{\sum_{i=1}^{n}(x_i-\bar{x})^2}{n-1}}$ 本来のデータではσ，サンプルからの計算ではs
管理限界	管理図で用いられる品質上の限界 ・中心線（CL） ・上方管理限界（UCL） ・下方管理限界（LCL）
工程能力指数C_p	所定の管理限界（規格限界）の製品を生産できる能力指数 工程能力指数$C_p=\dfrac{上限規格-下限規格}{6s}=\dfrac{S_U-S_L}{6s}=\dfrac{規格幅}{6s}$

（注）　集団全部の標準偏差をσ，標本の標準偏差をsとすることが多いです。

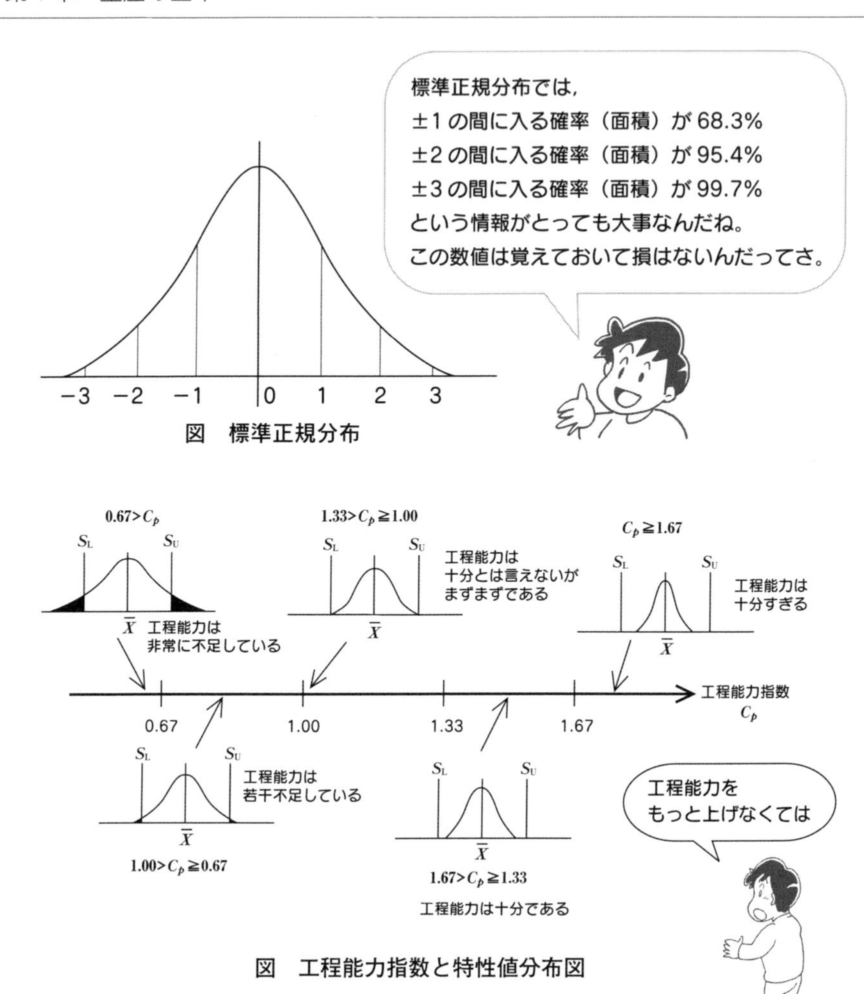

図　標準正規分布

図　工程能力指数と特性値分布図

2-4　QC新七つ道具（N7）　重要度★★☆

1 新QC七つ道具

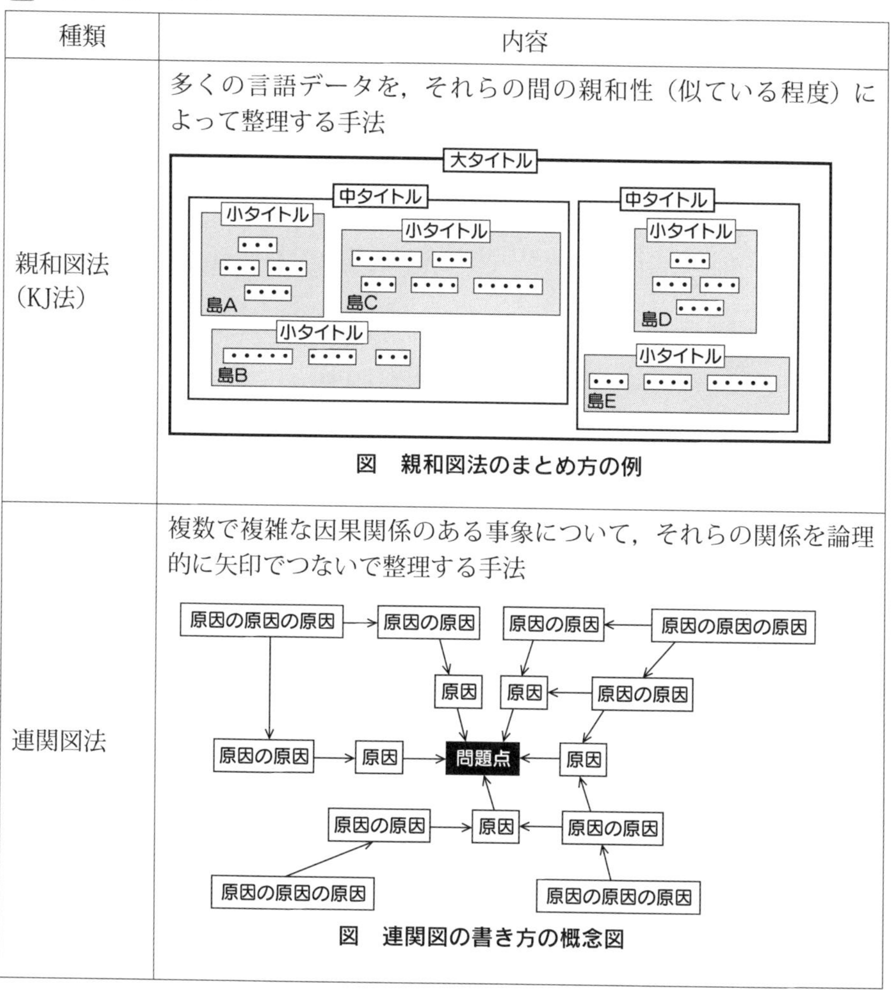

種類	内容
親和図法（KJ法）	多くの言語データを，それらの間の親和性（似ている程度）によって整理する手法 図　親和図法のまとめ方の例
連関図法	複数で複雑な因果関係のある事象について，それらの関係を論理的に矢印でつないで整理する手法 図　連関図の書き方の概念図

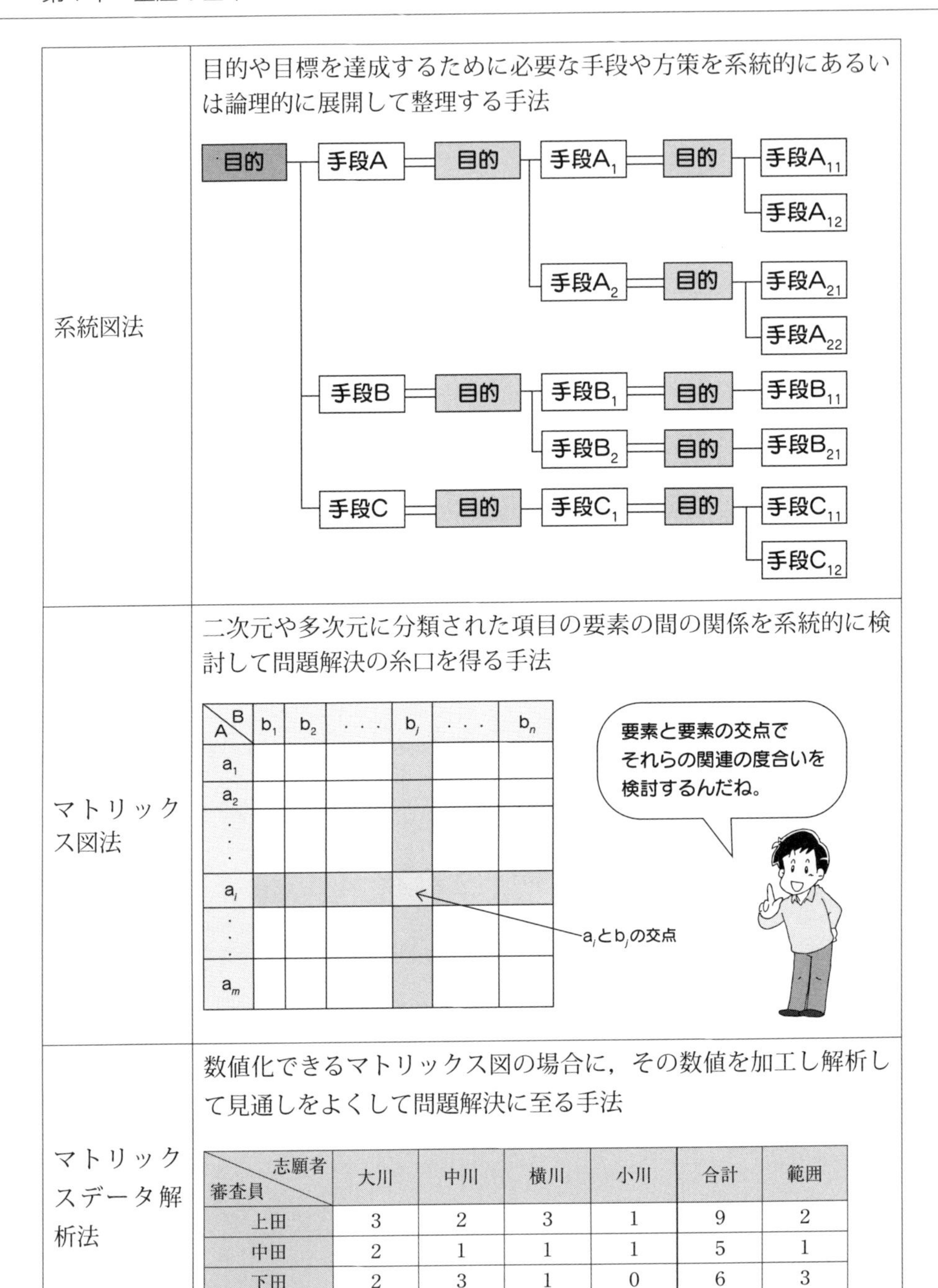

手法	内容
系統図法	目的や目標を達成するために必要な手段や方策を系統的にあるいは論理的に展開して整理する手法
マトリックス図法	二次元や多次元に分類された項目の要素の間の関係を系統的に検討して問題解決の糸口を得る手法
マトリックスデータ解析法	数値化できるマトリックス図の場合に，その数値を加工し解析して見通しをよくして問題解決に至る手法

審査員＼志願者	大川	中川	横川	小川	合計	範囲
上田	3	2	3	1	9	2
中田	2	1	1	1	5	1
下田	2	3	1	0	6	3
評点合計	7	6	5	2		

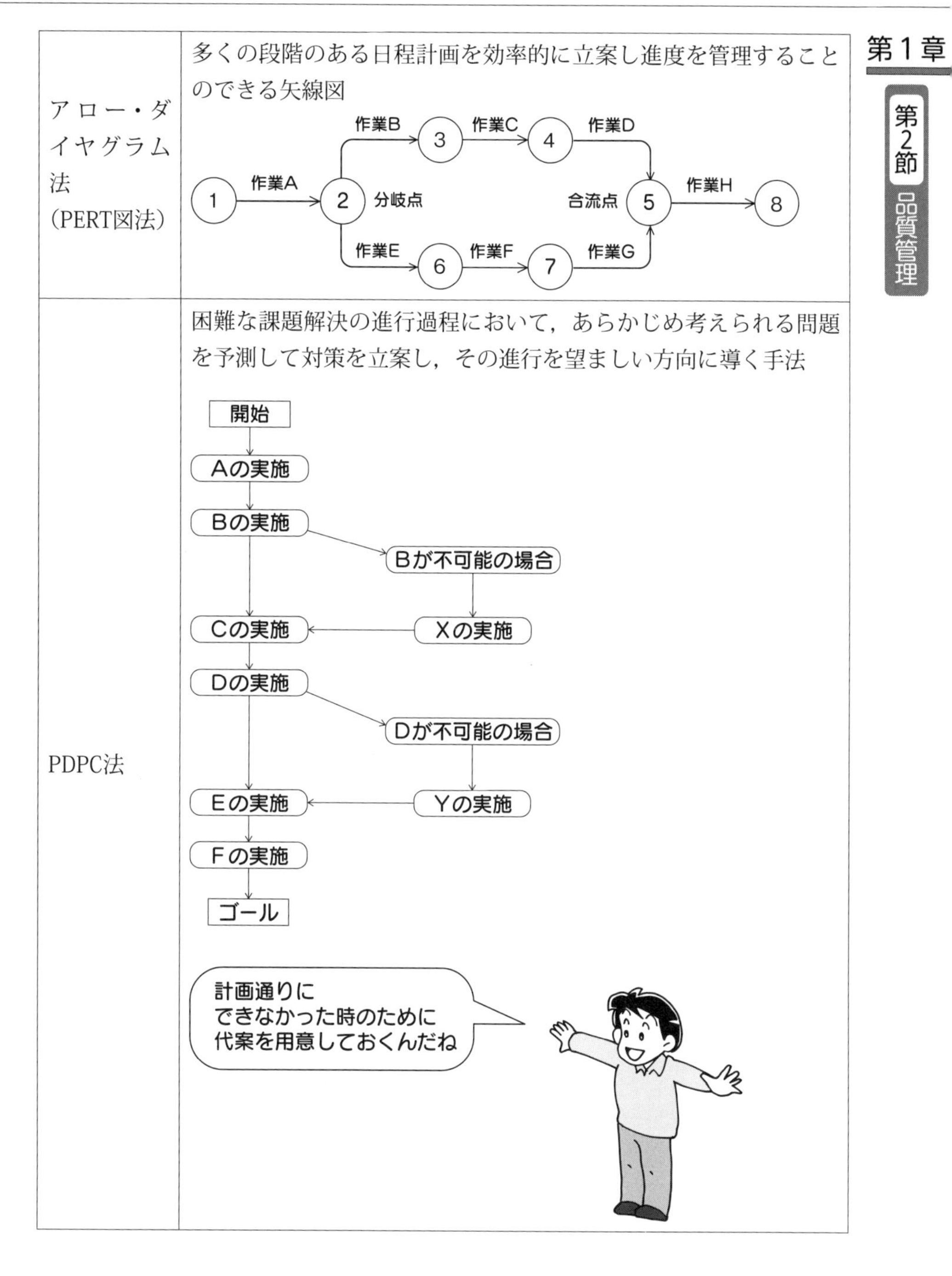

アロー・ダイヤグラム法(PERT図法)	多くの段階のある日程計画を効率的に立案し進度を管理することのできる矢線図
PDPC法	困難な課題解決の進行過程において，あらかじめ考えられる問題を予測して対策を立案し，その進行を望ましい方向に導く手法

2-5　検査の種類　重要度★★☆

1 全数検査と抜取検査

全数検査	製品の全てを検査する方式
抜取検査	製品の中から一部を抜き出して検査する方式

2 破壊検査と非破壊検査

破壊検査	検査をすると，その製品は使用（販売）できなくなる場合の検査
非破壊検査	検査をしても，その製品は使用（販売）できる場合の検査

2-6　QC工程表（QC工程図）　重要度★★☆

製造工程の管理を明確にするために，誰が，どの工程で，いつ，何を，どのように管理するかを整理した表，あるいは，図のこと。

1 QC工程表の例

No.	工程			管理条件			責任課				測定方法	記録の方法	異常時処置		関連する標準	参考資料	その他
	内容	機器設備	重要度	管理項目	管理水準	サンプリング	資材課	製造課	技術課	品質管理課			責任者	処置方法			
1																	
2																	
⋮																	

2-7　品質保全とISO　重要度★★★

1 品質保全における実施項目

実施項目	内容
条件設定	品質不良が発生しない製造工程を目指して設計する。
点検（日常，定期）	運転管理において日常的点検と定期的点検を行う。
品質予防保全	基準値以内に入る状態を維持し，品質不良を予防する。
傾向管理	測定値の推移を監視することで，不良発生の芽を摘む。
事前対策	何ごとも事前に対策を実施する。

2 8の字展開

維持管理と改善管理を組み合わせた展開方式が提案されている。
「『8の字展開』で進める品質保全」（藤井雅司）

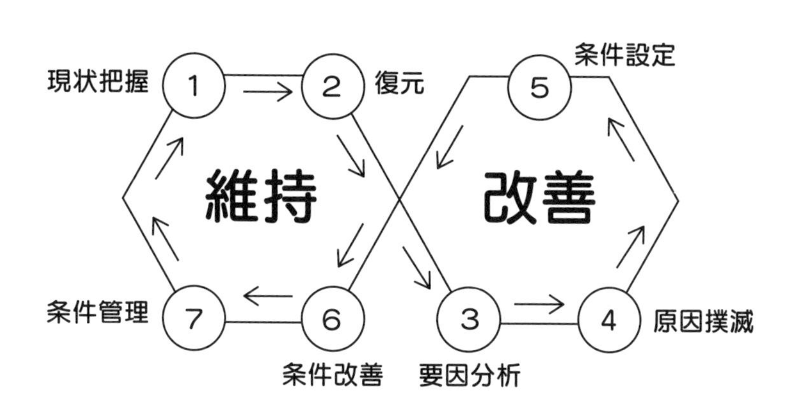

3 8の字展開の進め方

各ステップ	展開内容
ステップ1	現状のあるべき姿の確認と評価
ステップ2	現状のあるべき姿への復元
ステップ3	慢性不良の要因解析
ステップ4	慢性不良の原因撲滅
ステップ5	不良ゼロの条件設定
ステップ6	不良ゼロの条件改善
ステップ7	不良ゼロの条件管理

4 ISO（international Organization for Standardization）

・国際標準化機構の略で，世界の製品やサービスの国際取引を促進し，多方面の相互協力を推進することを目的として，世界の標準化を進めるシステム（組織）。
・ただし，電機分野においては，IEC（国際電気標準会議）が担当。

5 国際規格

分野	国際規格名
品質	ISO9001
環境	ISO14001

例えば，ISO9001とは，品質規格のことで
それらの各種規定が
9000番台に揃えられているんですな。
それらをISO9000シリーズとか
ISO9000ファミリーとか言っていますね。

2 実戦問題

以下の問題文が正しければ，○を，誤っていれば×をマークしなさい。

□ □ **問1** 品質管理の基本は，計画（P）を立てて実行（D）し，その結果を確認（C）して，改善（A）するというサイクルを回すことにある。

□ □ **問2** QC七つ道具は，問題の解析に有用であるが，品質の改善などには利用できない。

□ □ **問3** 職場の中に，共用物の置き場が定まっていて周知されているということが，整頓の基本である。

□ □ **問4** 製品検査において，あるロットの抜取検査の結果，不良品が数個見つかったので，その不良品を抜き取って，その他の製品は合格とした。

□ □ **問5** 重さや長さなど，数値になるデータは計数値とされる。

□ □ **問6** 機械の故障低減を目的として，数の多い原因から対策をとるために，特性要因図を作成した。

□ □ **問7** 品質管理では，経験やカンに頼るのではなく，事実に基づく管理が必要である。

□ □ **問8** 新QC七つ道具とは，一部の例外を除いて，主に数量データを扱う手法である。

□ □ **問9** 不良率の単位では，％より小さいものとして，ppmが用いられるが，これは1000分の１を表す。

□ □ **問10** 品質管理では，随所に統計学が用いられている。

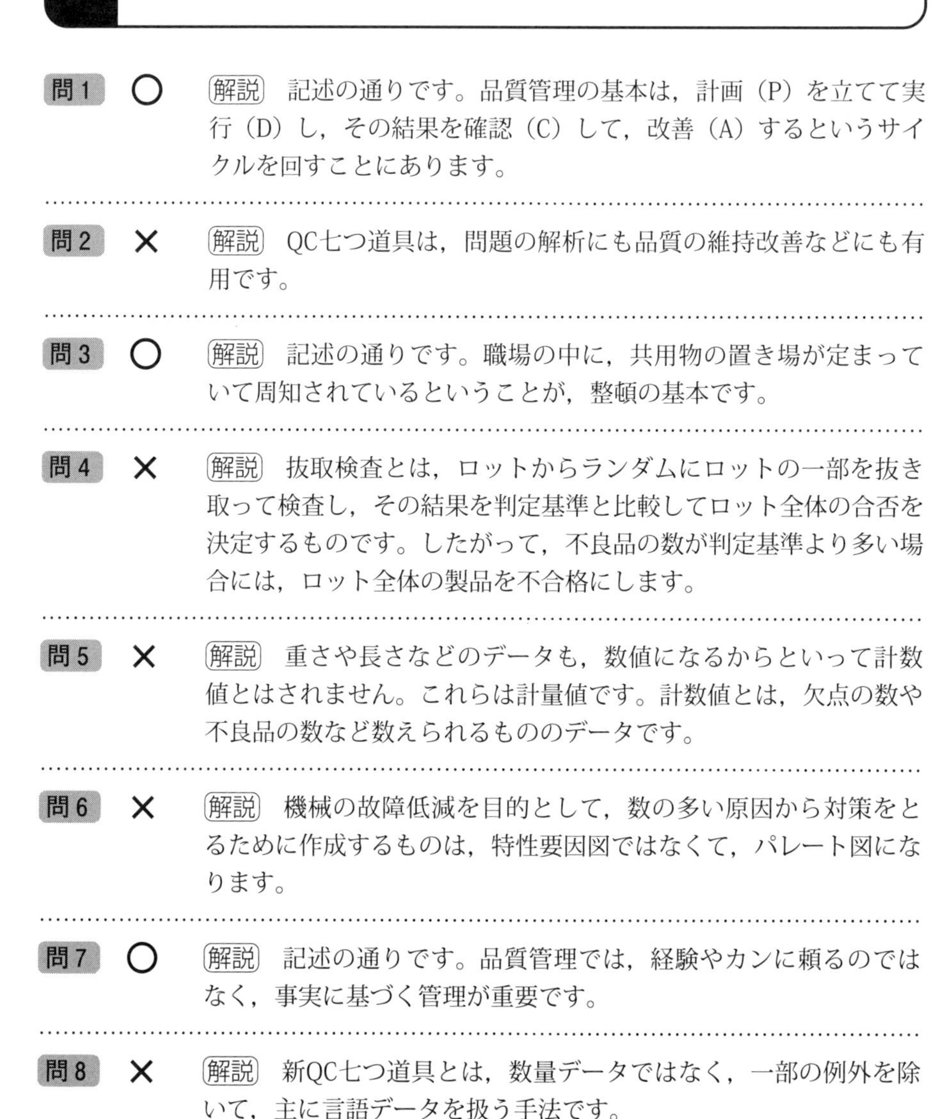

2 実戦問題の解答と解説

問1　○　（解説）記述の通りです。品質管理の基本は，計画（P）を立てて実行（D）し，その結果を確認（C）して，改善（A）するというサイクルを回すことにあります。

問2　×　（解説）QC七つ道具は，問題の解析にも品質の維持改善などにも有用です。

問3　○　（解説）記述の通りです。職場の中に，共用物の置き場が定まっていて周知されているということが，整頓の基本です。

問4　×　（解説）抜取検査とは，ロットからランダムにロットの一部を抜き取って検査し，その結果を判定基準と比較してロット全体の合否を決定するものです。したがって，不良品の数が判定基準より多い場合には，ロット全体の製品を不合格にします。

問5　×　（解説）重さや長さなどのデータも，数値になるからといって計数値とはされません。これらは計量値です。計数値とは，欠点の数や不良品の数など数えられるもののデータです。

問6　×　（解説）機械の故障低減を目的として，数の多い原因から対策をとるために作成するものは，特性要因図ではなくて，パレート図になります。

問7　○　（解説）記述の通りです。品質管理では，経験やカンに頼るのではなく，事実に基づく管理が重要です。

問8　×　（解説）新QC七つ道具とは，数量データではなく，一部の例外を除いて，主に言語データを扱う手法です。

問9　×　（解説）ppmは，1000分の1ではなくて，百万分の1を表します。

問10　○　（解説）品質管理では，主にばらつきの対策を検討するために随所に統計学が用いられています。

第３節　工程，職場，環境の管理

学習ポイント

・生産管理には多くの側面があるが，それぞれで重要なことは何だろうか。

試験によく出る重要事項

3-1　工程管理　重要度★★★

1 比例費と固定費

変動費（比例費）	売り上げ（生産量・販売量）に比例して増減する経費
固定費（不変費）	生産量や販売量の増減に関わらず一定である経費

2 作業標準と作業手順

作業標準 （作業指図書，作業指示書，作業指導書，動作基準）	単位作業について，作業条件，使用設備機器，作業方法，作業のポイント，安全心得，標準時間などを表記したもの。
作業手順書	作業標準に即した作業のやり方を，順を追って書いてある指示書。

3 生産統制と納期管理

進度管理（納期管理）	生産物が，予定納期通りに順調に生産されているかを管理する。
現品管理（現物管理）	生産物が，量的に必要なだけ所定の場所にあるかどうかを管理する。
余力管理	生産量と生産能力のバランスを把握し，やり残しや遊びが生じないようにする管理。
流動数管理	工程における仕掛り量などを把握し，進度管理に供する。

3-2　職場の活動とモラール（モラールとは，やる気，軍隊でいう士気）

重要度★★☆

1 ブレーンストーミングの4原則（集団でアイデアを出すための手法）

① 自由奔放
② 批判厳禁
③ 質より量
④ 結合・便乗・改変歓迎

2 メンバーシップとリーダーシップ

メンバーシップ	集団に所属するメンバーが，各自の役割を果たすことで全体に貢献すること。
リーダーシップ	集団の目標のため，メンバーが自発的に集団活動に参画し，これを達成するように導いていく役割。

3 ほうれんそう

ほう	報告
れん	連絡
そう	相談

3-3　教育訓練　重要度★★★

1 OJT（オンザジョブ教育）とOff-JT（オフザジョブ教育）

OJT（職場内教育）	仕事を通じた教育訓練。とくに新人教育に効果。
Off－JT（職場外教育）	職場を離れて行う集合教育訓練や社外セミナー等への参加をいう。

2 自己啓発と伝達教育

自己啓発	自分自身で勉強し，理解を深める方法（通信教育，資格取得等）
伝達教育	教育を受けたリーダーが，その内容をメンバーに伝える教育

3 スキル管理とレベル

スキルとは，訓練を通じて身に付けた能力のことをいう

要求されるスキル	① 現象を発見するための注意力や発見力 ② 現象を正しく判断するための判断力 ③ 望ましくない現象を未然に防止する予防力 ④ 現象を予知するための予知力 ⑤ 現象を正しく処置するための行動力や処置力 ⑥ 元の状態に回復させるための回復力
スキルのレベル	レベル1：知っている レベル2：ある程度自分でできる レベル3：自信をもって行える レベル4：教えることができる

3－4　労務管理　重要度★☆☆

1 現場の管理

・日常業務・勤務条件⇒就業規則等で規定（労働基準法89，90条）
・就業規則は，一種の契約（労働者と使用者の明示または暗黙の合意）
・安全規則などは，必ず守ることが必要。

2 出勤管理

・労働時間は，就業規則などで規定される。
・始業・就業時刻は，就業規則の必須事項（労基法89条１項１号）
・始業・就業時刻を，入門および出門時刻とすることは一般的でない。
・勤務時間は，作業服に着替えて仕事に就ける状態であるべきこと。
・法定労働時間：労基法規定で１日８時間，１週40時間（労基法32条）
・所定労働時間：法定労働時間内で取り決められる時間（労基法15条）

3 残業時間

・残業については，通常36（さぶろく）協定の範囲内（労基法36条）
・法内超過労働（法内超勤）は，労働者が（計画等が優先される場合に）拒否権を持つが，不利益のない場合の拒否は権利の濫用（乱用）とされる。

4 年次有給休暇（年休）……（労基法39条）

・年休の利用目的には，制限はない。
・労働者からの年休請求に関して基本は与えなければならないが，事業の正常な運営を妨げる場合においては，他の時季に与えることができる。

3-5　環境管理　重要度★☆☆

1 公害問題

産業活動に伴って，周囲の人々の日常活動や生活環境に被害を及ぼすことがある。

2 典型七公害と廃棄物

典型七公害	大気汚染，水質汚濁，騒音，振動，地盤沈下，悪臭*，土壌汚染
産業廃棄物	産業活動から排出される廃棄物，中でも特別管理産業廃棄物（爆発性，毒性，感染性等の要管理物）は特に対策が必要。 その処理は，排出した事業者の責任で行われる。
一般廃棄物	産業廃棄物以外の廃棄物をいう。その処理は，自治体の責任で行われる。一般廃棄物にも特別管理の廃棄物がある。

*悪臭は，物質濃度規制に加え，人間の嗅覚を用いた臭気指数による規制も行われる。

3 環境問題に関する諸概念

3Rの推進 （順序が大事）	3Rとは ①リデュース（使用量の減少，減量） ②リユース（再使用） ③リサイクル（再生利用，再資源化）
ゼロ・エミッション	エミッションは排出物のことで，排出物をゼロにすることをゼロ・エミッションという。
グリーン購入	商品購入やサービス調達に当たって，環境への負荷の小さいものを優先的に選択するという行動のこと
エコマーク （環境ラベル）	環境に配慮した製品であることを明示する表示のことで，消費行動に影響することで環境対策を推進する。
分別回収	廃棄物によって処理方式も異なるので，分けて回収すること。
環境マネジメントシステム	いわゆる環境ISOのことで，国際標準化機構の制定したISO14000シリーズがある（p37参照）。
	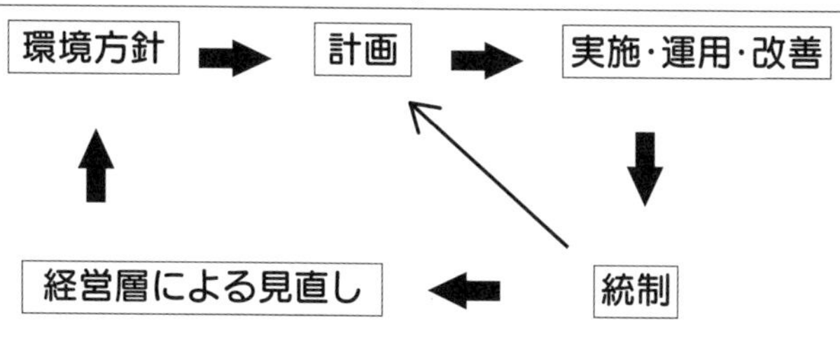 環境方針 → 計画 → 実施・運用・改善 → 統制 → 経営層による見直し → 環境方針（統制 → 計画） 図　環境マネジメントシステムの構成

3Rに加えて
リフューズ(使用拒絶，使わない)と
リペア(修繕使用)も入れて
5Rという人もいるね。

その場合も，順番が大切ですね。
リフューズーリデュース
リユースーリペア
そして，リサイクルですね。

3 実戦問題

以下の問題文が正しければ，○を，誤っていれば×をマークしなさい。

□□ **問1** 工場の発生経費は，比例費（変動費）と固定費に部類され，前者は工場の操業度により変化する経費，後者は変化しない経費を意味する。

□□ **問2** OJTとは，オン・ザ・ジョブ・トレーニングということで，とくに，新人の教育に効果があるとされている。

□□ **問3** 労働時間の開始は，工場の門に入るところから始まる。

□□ **問4** 作業標準は，随時改訂していくべきであるので，作業員が気付いた段階でいつでも見直しし変更することができる。

□□ **問5** ゼロ・エミッションとは，排出物をゼロにすることをいう。

□□ **問6** ブレーンストーミングでは，他の人のアイデアを批判することがよいとされている。

□□ **問7** エコマークは，環境ラベルともいわれ，環境に配慮した製品であることを明示する表示のことで，消費行動に影響することで環境対策を推進するものである。

□□ **問8** 「ほう・れん・そう」が，職場の運営をスムーズにするために欠かせないと言われるが，このなかの「ほう」とは，作業などの「方法」のことである。

□□ **問9** 環境マネジメントシステムとは，いわゆる環境ISOのことで，国際標準化機構の制定したISO9000シリーズがある。

□□ **問10** 分別回収とは，廃棄物によって処理方式も異なるので，分けて回収することをいう。

3 実戦問題の解答と解説

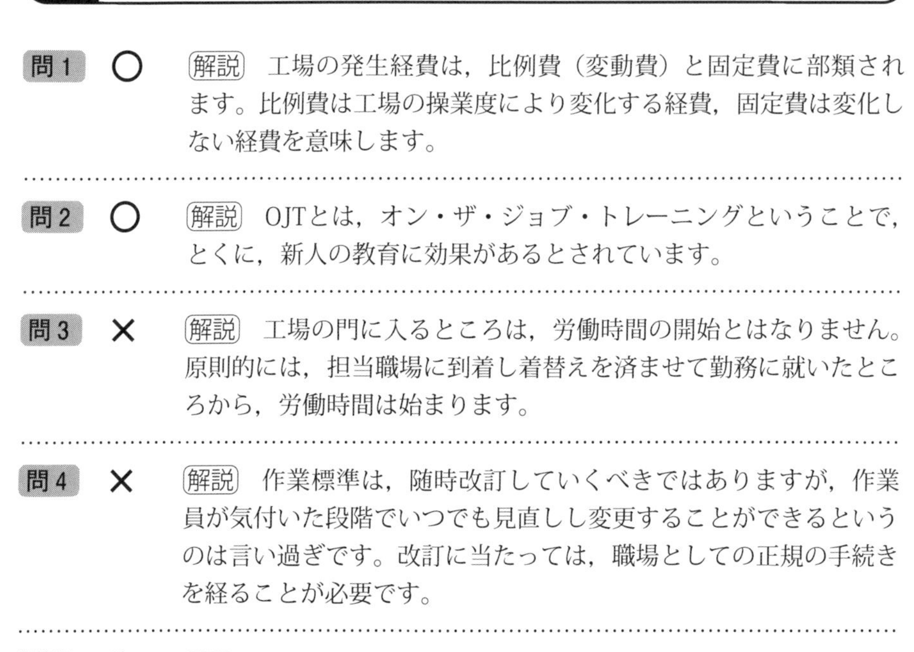

問1　○　〔解説〕工場の発生経費は，比例費（変動費）と固定費に部類されます。比例費は工場の操業度により変化する経費，固定費は変化しない経費を意味します。

問2　○　〔解説〕OJTとは，オン・ザ・ジョブ・トレーニングということで，とくに，新人の教育に効果があるとされています。

問3　×　〔解説〕工場の門に入るところは，労働時間の開始とはなりません。原則的には，担当職場に到着し着替えを済ませて勤務に就いたところから，労働時間は始まります。

問4　×　〔解説〕作業標準は，随時改訂していくべきではありますが，作業員が気付いた段階でいつでも見直しし変更することができるというのは言い過ぎです。改訂に当たっては，職場としての正規の手続きを経ることが必要です。

問5　○　〔解説〕ゼロ・エミッションとは，排出物をゼロにすることをいいます。エミッションとは，ここでは排出物のことです。

問6　×　〔解説〕ブレーンストーミングにおいて，他の人のアイデアを批判することは厳禁です。

問7　○　〔解説〕エコマークは，環境ラベルともいわれ，環境に配慮した製品であることを明示する表示のことで，消費行動に影響することで環境対策を推進するものです。

問8　×　〔解説〕「ほう・れん・そう」の「ほう」とは，「報告」のことです。「れん」は連絡，「そう」は相談でしたね。

問9　×　〔解説〕環境マネジメントシステムには，国際標準化機構の制定したISO14000シリーズがあります。ISO9000シリーズは品質マネジメントの場合です。

問10 ○ 解説 分別回収とは，廃棄物によって処理方式も異なるので，分けて回収することをいいます。

第２章
設備の日常保全(自主保全全般)

第１節　自主保全の基礎知識

第２節　自主保全のためのツール

第1節 自主保全の基礎知識

学習ポイント

・自主保全とはどんなことであって，どういうことをすればよいのだろう。

試験によく出る重要事項

1-1　自主保全とは　重要度★★☆

「自分の設備を自分で守る」を目的とし，運転者（オペレーター，作業者）が運転操作にとどまらず，設備管理を総合的に行い，故障の未然防止を行う。

1　運転者と保全者の従来と今後の在り方

従来の状況	運転者と保全者が別部門で，業務がほぼ分担されていた
今後の在り方	運転者も自分の設備を自分で管理するという意識が必要

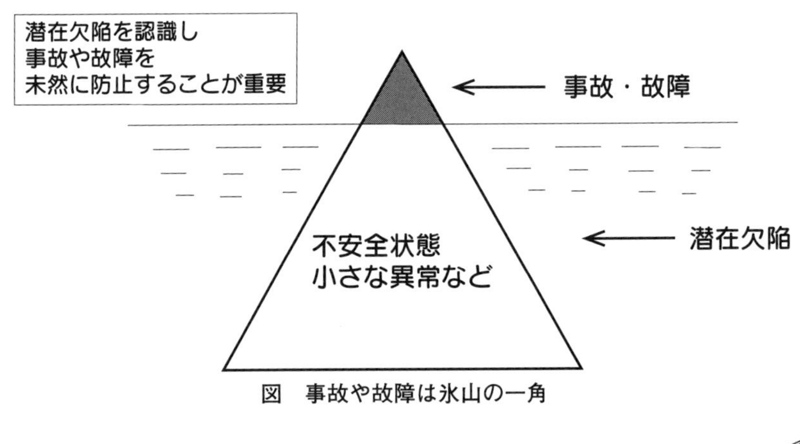

図　事故や故障は氷山の一角

事故や故障は氷山の一角と言われるんだね

2 運転者（オペレーター）に必要な4要件

必要な能力	能力の内容	その主旨
異常発見能力	異常を捉える眼をもつ	異常の起こる予兆を発見できる
処置回復能力	異常への対処ができる	異常復旧ができ，上司連絡できる
条件設定能力	正常状態を知っている	基準に合わせて条件を決められる
維持管理能力	工程を正しく保てる	ルールを守って工程を正しく保つ

3 サークルリーダー（自主保全サークルのリーダー）の役割

① トップに活動状況を正確に伝え理解を求める。
② 上位方針を受けて職場の実態に応じた目標を示す。
③ 必要な情報を公開し共有化する。
④ 知識，技法，技能，技術を教育し習得させる。
⑤ 自己啓発と相互啓発を促す。
⑥ 自ら率先して活動に参画する。

1-2 自主保全の基礎　重要度★★★

自主保全は，製造（生産）部門と保全部門の分化による弊害を克服するため行う。

1 自主保全の基本的な考え方

① 設備の不具合による故障は，設備に関わる全ての人の意識を変えることで，なくすことができる。
② 設備を変えれば人が変わり，人が変われば現場が改善される。
③ 組織だった全員参加の活動で，ステップ方式により着実に展開させる。

2 自主保全ステップ展開（ゼロに加えて，3つの段階，7つのステップ）

段階	ステップ	名称	内容（例）
第0段階	第0	準備段階	活動中の安全確保の教育，活動の目的や意義の共有化を実施
第1段階	第1	初期清掃・点検	工程の整理・整頓・清掃の実施 設備の点検と不具合の発見
	第2	発生源・困難個所対策	汚れの発生源，困難個所（作業や点検に手間や時間のかかる箇所）の調査 不具合原因の対策困難なものの対策
	第3	自主保全の仮基準作成	これまでに改善できたことを基準化する
第2段階	第4	総点検	点検マニュアルによる総点検の実施 微欠陥の摘出と復元
	第5	自主点検	自主点検基準・チェックシートの作成 自主保全計画（自主保全カレンダー作り）として，設備ごとに保全と製造が点検基準をつき合わせて作成
第3段階	第6	標準化	総合的な作業標準化の作成
	第7	自主管理の徹底	標準化マニュアルの自主的運用の徹底

3 保全活動の分類

維持保全活動	正常状態から低下した部分を復旧する活動
改良保全活動	正常水準をより高いものにしてゆく活動

4 保全の3要素

劣化を防ぐ（正しい操作，給油，増締め，予防保全，予知保全）
劣化を測定する（点検，診断）
劣化を復元する（修理，整備）

5 劣化の分類（劣化とは，強度や機能が低下すること）

自然劣化	正しい操作・運転であっても時間とともに物理的に進行する劣化
強制劣化	決められた事項を守らないことで，急激に進む劣化のこと

6 設備の基本条件の整備

① 清掃
② 給油
③ 増締め

7 自主保全のためのポイント

① 導入教育の実施
② サークル活動を主体的に（リーダーを職制と合致させる）
③ トップダウンとボトムアップを有効に
④ サークルメンバーは，数人程度
⑤ 調和のとれた職制主導が効果的
⑥ モデル先行型（モデル機での体験から水平展開など）
⑦ ステップ方式による展開（７ステップなど）
⑧ ステップ診断（各ステップのレベルに達しているかを診断）
⑨ 伝達教育（階層別，個人別の伝達）
⑩ 成功体験を味わう
⑪ 各人の行動基準を各人が決める
⑫ 改善工事の迅速実施

8 重なり三角形組織（重複小集団組織）

……ライン機能とスタッフ機能を持つ。

図のように上から順にある集団のリーダーが上の集団のメンバーというように，リーダーとメンバーが重なっているので重複小集団組織と呼ぶ。

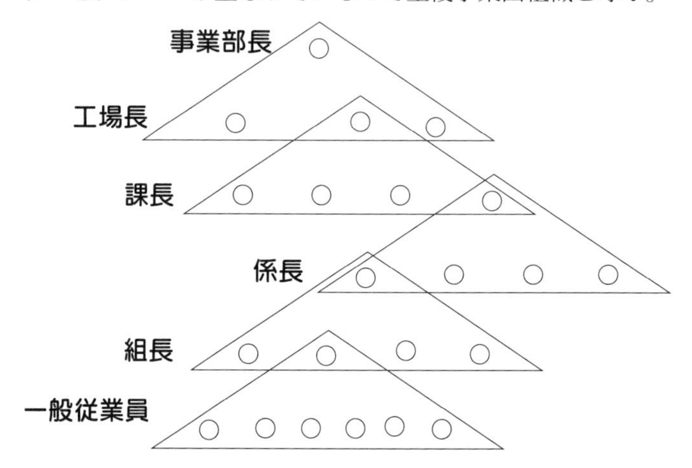

1 実戦問題

以下の問題文が正しければ，○を，誤っていれば×をマークしなさい。

□ □ **問1** 自主保全カレンダーとは，自主保全計画のことをいい，自主保全計画の推進に大いに活用できる。

□ □ **問2** 自主保全活動のサークルリーダーは，活動のステップごとに適切なメンバーを選ぶことが望ましい。

□ □ **問3** 目で見る管理は，見える化による管理ともいわれ，ひと目見れば職場の状態や内容が容易にわかるようにする管理のことである。

□ □ **問4** サークルでミーティングを行った場合には，必ずミーティングレポートを作成すべきである。

□ □ **問5** 「自主保全仮基準の作成」においては，守るべきオペレーターが自ら守るべき事項を決めることが重要である。

□ □ **問6** 24時間の連続稼働をしている工場では，設備を止められないので，自主保全活動は基本的にできない。

□ □ **問7** 初期清掃とは，職場をきれいにする目的の活動のことをいう。

□ □ **問8** オペレーターに求められる4要件のうち，条件設定能力とは，正常状態を知っていること，すなわち，基準に合わせて条件を決められる能力をいう。

□ □ **問9** 保全活動の分類を大別すると，維持保全活動と改良保全活動とになるが，前者は正常水準をより高いものにしてゆく活動であり，後者は正常状態から低下した部分を復旧する活動を意味する。

□ □ **問10** 自主保全活動において，初期清掃段階では，潜在している微欠陥の発見はできない。

1　実戦問題の解答と解説

問1　○　(解説)　自主保全カレンダーとは，自主保全計画のことをいい，自主保全計画の推進に大いに活用できます。

問2　×　(解説)　サークルリーダーは，組織の役職（職制）と一致させることが原則です。メンバー間の持ち回りなどは望ましくありません。

問3　○　(解説)　目で見る管理は，見える化による管理ともいわれ，ひと目見れば職場の状態や内容が容易にわかるようにする管理のことです。

問4　○　(解説)　サークルでミーティングを行った場合には，必ずミーティングレポートを作成すべきです。

問5　○　(解説)　「自主保全仮基準の作成」においては，守るべきオペレーターが自ら守るべき事項を決めることが重要ですね。

問6　×　(解説)　24時間の連続稼働をしている工場でも，運転中の状態を点検するなどして，自主保全活動は工夫次第でできるはずです。

問7　×　(解説)　初期清掃とは，単に職場の清掃を目的としたものではなく，清掃を通じて潜在的な欠陥や不具合を顕在化させる目的でも行われることです。

問8　○　(解説)　オペレーターに求められる4要件のうち，条件設定能力とは，正常状態を知っていること，すなわち，基準に合わせて条件を決められる能力をいいます。

問9　×　(解説)　保全活動の分類を大別すると，維持保全活動と改良保全活動とになることは正しいですが，前者と後者の説明が逆になっています。前者は正常状態から低下した部分を復旧する活動であり，後者は正常水準をより高いものにしてゆく活動を意味します。

問10　×　(解説)　清掃段階であっても，徹底的な清掃であれば，隠れていた小さな傷や不具合が見るかることが多い傾向にあります。

第2節 自主保全のためのツール

学習ポイント

・自主保全活動の支援ツールには，どのようなものがあるのだろう。

試験によく出る重要事項

2-1　自主保全の基礎的方式　重要度★★★

1 自主保全の3種の神器

活動板	自主保全活動と現場管理状態がわかるツールで，「見える化」された板（P―D―C―Aの管理状態の把握）
ワンポイントレッスン	日常活動の中で，コンパクトに学習できる活動。 教育を受けたリーダーがメンバーに伝える伝達教育。 目的ごとに① 基礎知識 ② トラブル事例 ③ 改善事例に大別される。
ミーティング	メンバー全員が自由に活発に意見を出し合う場。 ミーティング・レポートを作成して上司からコメントをもらう。

2-2　エフ　重要度★★★

1 エフ（絵符，えふ，絵札）

・設備の不具合を摘出するごとに不具合箇所や設備部位に貼り付ける。
・発見日時，発見者，不具合内容を記入する。
・内容や関連部署ごとに色分けすることも効果的。
・貼り付けることをエフ付け，処置後に再発防止できればエフ取りという。

2 色エフの例（一般的な決まりはないが，職場ごとに色分けして運用）

白エフ	自分のサークルで処置できる不具合に用いる。
赤エフ	自分のサークルで処置できない不具合で他部署に依頼する場合。
黄エフ	危険個所の指摘に利用。安全担当が対処。
緑エフ	環境関連，省エネ関連のエフ。

3 エフの効用

① 設備等の不具合の指摘，摘出
② 不具合を不具合として認識できる習慣づけ
③ 全メンバーの共通認識
④ 改善すべき箇所が早くわかること
⑤「改善してエフを取る」という作業を進めることで活動成果を把握
⑥ 部署ごとの，エフの取り付け，取り外しの定量的把握で，改善力評価可能

4 不具合リストの例

番号	発見日	発見者	不具合項目	不具合内容	原因	対策案	実施者	予定日	完了日

5 エフ取り（再発防止）

①その場で処置できるものは，すぐ処置してエフを取る。
②時間のかかるものは，エフ取り計画を明確にして，できるだけ短時間に処置する。
③一度エフ取りした箇所を観察することも重要。再発する場合には，処置が適切でなかったことも考えられる。

2-3　自主保全のステップ診断　重要度★★★

1 自主保全ステップ診断の目的

・自主保全活動における各ステップのねらいや目標が，メンバーにどの程度浸透しているかを，上位の立場の者や上位の組織が診断すること。
・診断する側もされる側も，それぞれの立場で改善・向上するように行動するべきこと。

2 自主保全ステップ診断の効用

> ① 各ステップにおける現状を把握し，メンバーの指導育成もはかりうる。
> ② 診断を通じて，サークルのかかえる問題点を把握し，必要なアドバイスを行う。
> ③ 自主保全の各ステップにおける区切りとする。
> ④ オペレーターの製造および保全のスキル，ならびにモラール向上の場。
> ⑤ 問題のとらえ方および改善の力を向上させる場。
> ⑥ データのまとめ方や表現力を向上させる場。

2-4 見える化　重要度★★★

1 目で見る管理（見える化による管理）

生産システムにおける正常／異常の状態を，視覚的に把握できるようにする管理のこと。シール表示，ランプ表示，色分け表示など。

2 定点撮影（定点管理）

設備機械，装置，型・治工具（じこうぐ），材料部品，予備品，廃棄物，書類，通路，建物などを，次のような条件を一定にして，定期的にとらえる方式のこと。
①同じ対象物　②同じ問題点を対象として　③同じカメラで　④同じ位置から
⑤同じ高さで　⑥同じ角度でとらえる。

3 定点撮影のねらい

> ① 数値で表しにくい対象を写真で残す。
> ② 整理・整頓・清掃の度合いを写真で見る。
> ③ 大勢のメンバーに見てもらう。
> ④ 定期的に見ることで，停滞を防ぐ。
> ⑤ やる気（モラール）の促進と維持を図る。

4 マップ（平面図等に記載した職場の状態）

現場の状態を視覚化する手段。管理対象物の目的に添って，発生状態などを現場のレイアウトや設備の配置に合わせて記入できるようにする。

5 マップ化の効用

> ① 不具合の発生状況や部位が把握されやすい。
> ② 問題点や改善部位が見えやすい。
> ③ 改善の優先順位を決めやすくなる。

2-5　モデル展開　重要度★★☆

1 モデル展開の2つの方式

職制モデル展開	TPM（全員参加の生産保全）活動の開始前段階で，工場長，部課長，スタッフ，サークルリーダーなどが，6～7人のグループで，モデル設備を選んで自主保全，個別改善を実施して，清掃から不具合改善までを行い，その成果をTPM活動開始大会で発表する。
サークルモデル展開	自らの設備に対する自主保全ステップ展開にあたって，先行してモデル設備を選び，ステップの内容を実践することで，メンバーがその方法を学習する方式。

2 モデル展開の効用

① 職制モデル展開では，工場長や部課長などの油まみれの姿を見て，これまでと何か違うという認識を持たせ，活動することへの抵抗感をなくさせる。
② 職制モデル展開で，管理者も設備の不具合を認識して，その改善を考えることにより，設備に強い管理者になる。
③ 活動によって設備が改善された内容をメンバーに見せて，「やればよくなる」という意識を持たせる。
④ 書類や口頭で伝わる指示基準ではなく，視覚的に認識できるステップ診断合格レベルをつくる。
⑤ 現在の設備の実態を知り，改善すべき姿をイメージする。
⑥ 忙しいときにも，必ずやり遂げるという意識を持たせ，時間つくりや活動の意義を体感させる。
⑦ サークルリーダーが，職場で指導できるための，体験を積み，また，指導教材の準備にもなる。
⑧ 管理者およびサークルリーダーのモラール向上につながる。

2 実戦問題

以下の問題文が正しければ，○を，誤っていれば×をマークしなさい。

□ □ **問1** 取り付けたエフの数が多いということで，自主保全活動の成果とは言えない。

□ □ **問2** 職場の汚れやゴミは，設備故障の原因にはなりうるが，品質不良の原因にはならない。

□ □ **問3** 目で見る管理では，不具合の原因を明らかにするような異常の管理は基本的にできない。

□ □ **問4** 日常のミーティングでは，ワンポイントレッスンによる教育を行うことは相応しくない。

□ □ **問5** ワンポイントレッスンのためのシートには，できるだけ多くの内容を入れ込んだほうがよい。

□ □ **問6** エフ付けやエフ取りは，自主保全の第1ステップで終わらせておくことが望ましい。

□ □ **問7** 「劣化を防ぐ活動」は製造部門の仕事であるが，「劣化を復元する活動」や「劣化を測定する活動」は，保全部門の仕事である。

□ □ **問8** ワンポイントレッスンは，目的ごとに① 基礎知識 ② トラブル事例 ③ 改善事例に大別される。

□ □ **問9** 全員参加の生産保全活動であるTPM活動においては，IE手法やQC手法を使うことは望ましくない。

□ □ **問10** TPM活動のサークルを構成するために，多くの視点があった方がよいので，いくつかの別々な職場からメンバーを選んだ。

2 実戦問題の解答と解説

問1 ×　解説　取り付けたエフの数が多いということは，それなりに不具合を見つける活動をしたということであり，自主保全活動の成果と言っても良いでしょう。

問2 ×　解説　職場の汚れやゴミは，設備故障の原因になりえますし，品質不良の原因にもなります。

問3 ×　解説　目で見る管理でも，不具合の原因を明らかにするような原因系の異常管理もできます。「おかしい，あやしい」という着眼からの異常発見につながることはありえます。

問4 ×　解説　日常のミーティングでは，ワンポイントレッスンによる教育を行うことは大いにありうることで，望ましいことです。

問5 ×　解説　ワンポイントレッスンのためのシートに，できるだけ多くの内容を入れ込んで膨らむと，ワンポイントの意味が薄れてしまいますので，望ましくありません。

問6 ×　解説　エフ付けやエフ取りは，不具合の検討などの作業の材料になりますので，自主保全の第1ステップだけで終わらせてはいけません。第1ステップだけのものではありません。

問7 ×　解説　「劣化を防ぐ活動」は製造部門の仕事で，「劣化を復元する活動」や「劣化を測定する活動」は，保全部門の仕事という完全な割り切りはできません。製造部門でできる劣化復元（部品取替えなど）や劣化測定（日常点検など）もありえます。

問8 ○　解説　ワンポイントレッスンは，目的ごとに① 基礎知識 ② トラブル事例 ③ 改善事例に大別されます。要領よくまとめた1枚のシートで短時間に学習します。

問9 ×　解説　全員参加の生産保全活動であるTPM活動においても，IE手法やQC手法などを積極的に利用します。

問10 ✕ 解説 TPMのサークル活動も仕事の一環であり，同じ職場のメンバーで構成することが基本です。

TPMって
いったい
どんなことなのだろう

第３章
生産効率化とロスの構造

第１節　TPMの基礎知識

第２節　ロスおよび故障ゼロ

第1節　TPMの基礎知識

学習ポイント

・TPMの内容およびその効果は，どのようなものなのだろう。

試験によく出る重要事項

1－1　TPMの分類　重要度★★☆

1 生産保全の4方式とTPM

名称	内容	担う部門
事後保全（BM） Breakdown Maintenance	設備が故障した後で，修理する方式（1980年頃まで，主流）。事後の修理でよいと予め計画する場合を計画的事後保全といいます。	主に，保全部門
予防保全（PM） Preventive Maintenance	設備が故障する前に，故障しないように保全する方式（1950年頃から始まる）。	
改良保全（CM） Corrective Maintenance	既存の設備を故障しにくく，保全しやすいようにする方式（1960年頃から始まる）。	
保全予防（MP） Maintenance Prevention	設備の設計段階から，故障しにくく保全しやすいものにする方式（1960年頃から始まる）。	
全員参加の生産保全（TPM） Total Productive Maintenance	上記4方式を総合して，製造部門と保全部門が全員参加で保全する方式 （日本独自の方式として1970年頃から始まり，最近の主流となる）。	製造部門および保全部門

2 保全基準の分類

CBM（状態基準保全, Condition Based Maintenance）	予知保全に相当する考え方で，設備の状態を基準にして保全の方針を決める手法です。 設備診断技術をもとに，設備劣化状態を観測あるいは予知し，経済性を考慮して保全のタイミングや方法を決定します。
TBM（時間基準保全, Time Based Maintenance）	一定期間ごとに設備を構成する部品をすべて交換することで，設備そのものの故障率を軽減させる保全方法です。 設備が故障する確率が下がる一方，まだ故障していない部品についても交換対象となるため，材料費や人件費がかさむ傾向があります。

3 故障の分類

一次故障	故障の発生源の設備故障
二次故障 （波及故障，従属故障）	一次故障の機器から影響されて起きた故障

1－2　TPMの詳細　重要度★★★

1 生産活動における4M

① 人（Man）
② 設備（Machine）
③ 材料（Material）
④ 方法（Method）

2 生産保全（儲かる保全，儲かるPM）の目的

企業が利益を生むための保全。全員参加の保全活動によって，メンバーの意識を変え，利益を生む体質を作り上げていく活動とされる。

3 TPMの定義（TPMの要件）

① 生産システム効率化の極限的追求(総合的効率化)する企業体質を目指し
② 生産システムのライフサイクル全体を対象として，災害・不良・故障ゼロなどの全てのロスを未然防止する仕組みを現場現物で構築し
③ 生産部門をはじめ，開発，営業，管理などのすべての部門で
④ トップから第一線の従業員に至るまでの全員が参加し
⑤ 重複小集団活動によって，ロスゼロを達成する仕組み

4 TPMの基本理念を示す5つのキーワード

① 設ける企業体質つくり（経済性の追求，災害・不良・故障ゼロ）
② 予防哲学（未然防止，MP，PM，CM）
③ 全員参加（参画経営，人間尊重，重複小集団活動，作業者の自主保全）
④ 現場現物主義（設備のあるべき姿，目で見る管理，クリーンな職場）
⑤ 常識の新陳代謝（ものの見方・考え方の連続性とその進化・成長）

5 TPMのねらい

① 人の育成
・作業者：自分の設備を自分で守る自主保全能力
・保全員：保全能力の向上，とくにメカトロ設備*などの最新分野
・生産技術者：保全性や信頼性の高い設備計画能力
② 設備の改善
・既存設備の体質改善改良による総合的効率化
・新設備の合理的設計（ライフサイクルコスト（LCC）の視点）

＊機械・電気・電子・情報工学の融合設備

6 TPMの効果

① 形になる効果
QCDSPMEのそれぞれで効果が上がる。
Q：工程内不良率，クレーム件数など
C：製造原価，ロスの金額など
D：原料や仕掛品，および，製品の在庫量など
S：休業および不休災害件数など
P：故障件数，チョコ停件数，設備総合効率，付加価値生産性など
M：改善提案件数，年間総労働時間数，機械保全技能士資格取得数など
E：省エネルギー額，廃棄物削減量，環境改善件数など
② 形にならない効果
人と設備の体質改善が進み，企業の体質改善につながることで，企業イメージの向上にもなる。

7 TPM活動の8本柱

① 設備効率化の個別改善
故障ロス，段取り・調整ロス，刃具交換ロス，立ち上がりロス，チョコ停ロス，速度低下ロス（設備スピードが遅いため発生するロス），不良・手直しロスの改善
② 自主保全体制つくり（自主保全ステップ活動を基礎）
③ 保全部門の計画保全体制づくり
④ 製造・保全の技能教育訓練（設備に強い人づくり）
⑤ 初期管理体制づくり（保全しやすい設備，つくりやすい製品）
⑥ 品質保全体制づくり（工程で品質をつくり込み，設備で品質をつくり込み品質不良を予防する）
⑦ 管理間接部門の効率的体制づくり（管理間接部門からの情報の品質とスピードが重要）
⑧ 安全・環境の管理体制づくり（組織的な推進，危険予知訓練など）

8 段取り作業の分類

内段取り	機械設備の運転を止めなければできない段取り作業
外段取り	生産中に設備から離れて行う段取り作業

9 イクルス（ECRS）による改善

① E（Eliminate）：排除する。不要な業務を捨てる。
② C（Combine）：似た仕事を一緒にする。違う仕事は分ける。
③ R（Rearrange）：作業をあるべき流れに入れ替える。
④ S（Simplify）：簡素化する。

1 実戦問題

以下の問題文が正しければ，○を，誤っていれば×をマークしなさい。

□ □ 問1 予防保全とは，設備が故障する前に故障しないように保全するという考え方である。

□ □ 問2 生産部門における劣化防止活動には，異常の早期発見，基本条件の整備，正しい運転操作が含まれる。

□ □ 問3 故障には慢性的なものとそうでないものとがあるが，慢性的なものほど対策は取りやすい。

□ □ 問4 設備においては，基本条件を整備することによって，設備の自然劣化を防ぐことが可能である。

□ □ 問5 生産活動における4Mとは，人，設備，材料，方法の4つをいう。

□ □ 問6 機械に給油すべきことをしないでいた場合の劣化を，自然劣化という。

□ □ 問7 チョコ停がゼロになれば，安全面にも貢献する。

□ □ 問8 一次故障とは，他の設備によって引き起こされた故障のことである。

□ □ 問9 CBM（状態基準保全）では，設備診断技術の活用が必要であり，これによって劣化状態の傾向管理を行うことになる。

□ □ 問10 故障モードとは，故障のメカニズムによって発生した故障状態の分類になる。

1 実戦問題の解答と解説

問1 ○ 解説 予防保全とは，設備が故障する前に故障しないように保全するという考え方ですね。

問2 ○ 解説 生産部門における劣化防止活動には，異常の早期発見，基本条件（清掃・給油・増締め）の整備，正しい運転操作が含まれます。

問3 × 解説 故障に慢性的なものとそうでないものとがあることは正しいですが，慢性的なものほど原因が複雑なことが多く，対策は取りにくいものです。

問4 × 解説 設備において，基本条件（清掃・給油・増締め）を整備することで，設備の強制劣化を防ぐことになります。自然劣化を防ぐことはできません。

問5 ○ 解説 生産活動における4Mとは，人，設備，材料，方法の4つをいいます。

問6 × 解説 機械に給油すべきことをしないでいた場合の劣化は，自然劣化ではなく，強制劣化に区分されます。

問7 ○ 解説 チョコ停において，その対応策としての作業が発生すると安全面でも危険が発生します。チョコ停がゼロになれば，安全面でも貢献します。

問8 × 解説 他の設備によって引き起こされた故障は，二次故障と言います。一次故障は，最初の発生源の設備故障です。

問9 ○ 解説 CBM（状態基準保全）では，設備診断技術の活用が必要であり，これによって劣化状態の傾向管理を行うことになります。

問10 ○ 解説 故障モードとは，故障のメカニズムによって発生した故障状態の分類になります。

第２節 ロスおよび故障ゼロ

学習ポイント

・生産活動におけるロスにはどういうものがあるのだろう。

試験によく出る重要事項

2－1　ロスおよび効率　重要度★★★

1 生産活動の効率を阻害する４分類16大ロス

① 操業度を阻害するロス（**１大ロス**）
・生産調整ロス，シャットダウンロス（SDロス）

② 設備の効率化を阻害するロス（**７大ロス**）
・故障ロス：機能停止型故障（突発的），機能低下型故障（徐々に低下）
・段取り・調整ロス：A製品からB製品への切替など
・刃具交換ロス：砥石・カッター・バイトなどの寿命・破損による交換
・立上がりロス：生産開始時の起動・ならし運転，安定化時間など
・チョコ停・空転ロス：一時的なトラブルによる停止や空転
・速度低下ロス：設備スピードが遅いため発生するロス
・不良・手直しロス：不良および手直し（修理）によるロス

③ 人の効率化を阻害するロス（**５大ロス**）
・管理ロス：管理上発生する手待ちロス（材料待ち，指示待ち，修理待ち等）
・動作ロス：スキル差によって発生するロス
・編成ロス：多工程持ち・多台持ちの場合の手空きロス，ラインバランスロス
・自動化置換ロス：自動化ができるものをしない場合のロス
・測定調整ロス：工程不良のため，測定や調整を頻繁に行うロス

④ 原単位の効率化を阻害するロス（**３大ロス**）
・エネルギーロス：投入エネルギーの中で有効でないもの，放熱，空運転等
・型・治工具ロス：金型・治具・工具の寿命破損や切削油・研削油ロス等
・歩留まりロス：投入材料と製品量の差，不良ロス・カットロス・目減りロス

2 総合能率（人の5大ロスを判定する指標）

人の5大ロスを判定する指標であり，次の式で求められる。

$$総合能率=\frac{標準工数\times出来高}{負荷工数}$$

$$=\boxed{\frac{負荷工数-作業ロス工数}{負荷工数}}\times\boxed{\frac{標準工数\times出来高}{負荷工数-作業ロス工数}}$$

（稼働率）　（能率）

3 設備（プラント）総合効率

16大ロスのうち設備の効率に関するロスを把握するための指標であり，次の式で求められる。

設備総合効率＝時間稼働率×性能稼働率×良品率

時間稼働率

負荷時間に対して，設備の停止時間を除いた稼働時間との比率を算出したもの。

$$時間稼働率=\frac{負荷時間-停止時間}{負荷時間^{*}}=\frac{稼働時間}{負荷時間}$$

（＊負荷時間：設備を稼働させなければならない時間のことをいいます。）

性能稼働率

設備の能力をどれくらい使っているのか示したもの。

$$性能稼働率=\frac{加工数量\times基準サイクルタイム}{負荷時間-停止時間}$$

この式の性能稼働率は，次式のように速度稼働率と正味稼働率に分解できる。

性能稼働率＝速度稼働率×正味稼働率

$$=\frac{\text{基準サイクルタイム}}{\text{実際サイクルタイム}}\times\frac{\text{加工数量}\times\text{実際サイクルタイム}}{\text{負荷時間}-\text{停止時間}}$$

良品率

投入した数量に対して良品の数がどれくらいあるかの割合。

$$\text{良品率}=\frac{\text{加工数量}-\text{不良数量}}{\text{加工数量}}$$

4 装置（プラント）の8大ロス

① シャットダウンロス（SDロス）：SD工事，定期整備などの休止ロス
② 生産調整ロス：需給関係による生産調整ロス
③ 設備故障ロス：設備や機器の故障によるロス
④ プロセス故障ロス：工程内における異常，操作ミス，外乱などによるロス
⑤ 定常時ロス：プラントのスタート，停止，品種の切替えにおけるロス
⑥ 非定常時ロス：プラントの不具合や異常のため生産量を下げるロス
⑦ 工程品質不良ロス：不良品を作った場合の工程ロス
⑧ 再加工ロス：不良品の再加工（工程バック）におけるロス

2-2　保全の基礎用語　重要度★★☆

1 各種の時間

- 暦時間　：1年ではうるう年でなければ24時間／日×365日とする時間。
- 操業時間：プラントが操業できる時間，暦時間からSDロス時間を引く。
- 稼働時間：操業時間から設備故障停止ロス時間を引く。
- 正味稼働時間：基準生産規模で稼働した時間。稼働時間から，スタート，停止，切替え時間を除く。
- 価値稼働時間：正味稼働時間から不良品を作り出した時間を除く。

2 故障ゼロの考え方

① 設備は人間が故障させている。
② 人間の考え方や行動が変われば，設備故障をゼロにできる。
③「設備は故障するもの」という考えを「設備を故障させない」，「設備故障はゼロにできる」という考えに改める。

3 潜在欠陥（ふだん気づかない故障のタネ）

ゴミ，汚れ，摩耗，漏れ，腐食，ガタ，ゆるみ，変形，きず，クラック，異常温度，振動，音など。

4 潜在欠陥の分類

物理的潜在欠陥	物理的に目に見えないために放置される欠陥
心理的潜在欠陥	作業者の意識や技能の不足や無関心で発見できない欠陥

5 故障ゼロへの5つの対策

① 基本条件を守る：清掃・給油・増締め
② 使用条件を守る：温度・電流・電圧・回転数・取付方法など
③ 劣化を復元する：適切な点検や検査による復元修理
④ 設計上の弱点の改善：故障の解析などにより設備を向上させる。
⑤ 技能を高める：①～④の水準は，作業者の技能を高めることでより向上。

6 故障モード（故障状態の分類）

劣化，変形，折損，短絡，断線，クラック，摩耗，腐食など。

7 寿命特性曲線（バスタブ曲線）

機器やシステムに故障の起こる確率（**故障率**）を，時間の関数とみてハザード関数ともいう。ハザード関数は，一般に図のようなバスタブ曲線になるとされている。大きく次のような期間に分類される。

a）**初期故障期**（DFR 型，Decreasing Failure Rate）
　初期には，主に設計上の問題などで故障が多くて徐々に減っていく。

b）**偶発故障期**（CFR 型，Constant Failure Rate）
　次に，次第に故障が偶発的に起こる段階に進む。故障率がほぼ一定という状態。

c）**摩耗故障期**（IFR 型，Increasing Failure Rate）
　その後，長時間の使用によって摩耗や機械疲労によって故障が徐々に増える時期を迎える。この時期には，予防保全の対策によって故障の増える程度を緩和することも一般に可能。

第3章
第2節　ロスおよび故障ゼロ

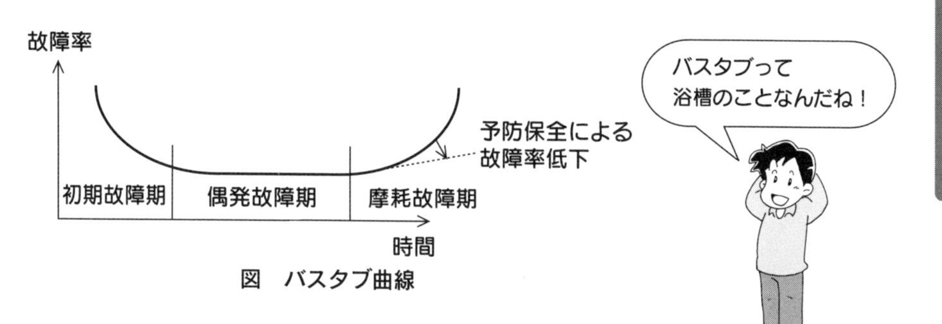

図　バスタブ曲線

8 保全関係用語

① 信頼度：規定の期間中に必要機能を果たす確率。
② 保全性：保全のしやすさや正常に保つ能力。
③ 保全度：保全性を量的に表現したもの。

故障度数率

故障強度率とも呼ばれ，故障のために設備が停止した程度を表す。

・$\text{故障度数率} = \dfrac{\text{停止回数の合計}}{\text{負荷時間の合計}}$

平均故障間動作時間（MTBF, mean operating time between failure）

修理を行う機器システム（修理アイテム）の，故障してから次の故障での平均動作時間のこと。簡単に言うと，故障無しで動作している時間のことをいう。この値が大きいほど故障しにくいことを示す。

・平均故障間動作時間（MTBF）$=\dfrac{\text{動作時間の合計}}{\text{故障停止回数の合計}}$

（※MTBFは平均故障間隔とも呼ばれる。）

平均故障寿命（MTTF, mean time to failure）

修理しない部品（非修理アイテム）の，使用開始から故障までの動作時間の平均

故障強度率

故障の発生により設備が停止した時間の割合。

・故障強度率$=\dfrac{\text{故障停止時間の合計}}{\text{負荷時間の合計}}$

平均修復時間（MTTR, mean time to repair）

修理しない部品（非修理アイテム，故障すると修理できず破棄・交換されるもの）について，故障が発生してから修復するのにかかる時間の平均値。この値が小さければ小さいほど，修理に要する時間が短く，保全度高いと言える。

・平均修復時間（MTTR）$=\dfrac{\text{故障停止時間の合計}}{\text{故障停止回数の合計}}$

アベイラビリティ

装置などが継続して稼働できる度合いや能力のことをいう。

・アベイラビリティ$=\dfrac{\text{動作可能時間}}{\text{動作可能時間}+\text{動作不可能時間}}$

2 実戦問題

以下の問題文が正しければ，○を，誤っていれば×をマークしなさい。

□ □ **問1** 良品率を求める場合の不良数量には，廃棄された不良品だけではなく，手直し品や二級製品も含める。

□ □ **問2** TPMにおいては，生産効率を阻害するものとして，16のロスを挙げている。

□ □ **問3** 多品種少量生産においては，一般に段取り回数が少なくなる傾向にある。

□ □ **問4** 設備総合効率は，次式で計算する。

設備総合効率＝時間稼働率×速度稼働率×良品率

□ □ **問5** 不良品を，手直しして良品にした作業も，ロスにカウントされる。

□ □ **問6** ワークがシュートに詰まって，一時的に設備停止になった場合を，速度低下ロスという。

□ □ **問7** チョコ停とは，小さな一時的なトラブルによって，設備が停止することをいう。

□ □ **問8** 保全員や運転員の意識や技能の不足により，見逃す欠陥を心理的潜在欠陥と言っている。

□ □ **問9** MTTRは，設備保全のしやすさの指標と考えてよい。

□ □ **問10** 段取りロスは，人の効率化を阻害するロスに該当する。

2 実戦問題の解答と解説

問1 ○ 解説 良品率を求める場合の不良数量には，廃棄された不良品だけではなく，手直し品や二級製品も含めます。

問2 ○ 解説 その通りです。TPMにおいては，生産効率を阻害するものとして，16のロスを挙げています。

問3 × 解説 多品種少量生産においては，一般に段取り回数が多くなる傾向にあります。

問4 × 解説 速度稼働率の部分が誤っています。次式で計算します。
設備総合効率＝時間稼働率×性能稼働率×良品率

問5 ○ 解説 その通りですね。不良品を，手直しして良品にした作業も，本来ならしなくてよい作業なので，ロスにカウントされます。

問6 × 解説 ワークとは，主に機械系の工場で使われる用語で作業対象となっている仕掛品や部品のことをいいます。ワークがシュートに詰まって，一時的に設備停止になった場合などは，速度低下ロスではなくて，チョコ停・空転ロスとされます。

問7 ○ 解説 チョコ停とは，小さな一時的なトラブルによって，設備が停止することをいいます。

問8 ○ 解説 記述の通りです。保全員や運転員の意識や技能の不足により，見逃す欠陥を心理的潜在欠陥と言っています。

問9 ○ 解説 MTTRは，故障してから修理完了までの平均時間ですので，設備保全のしやすさの指標と考えて良いでしょう。

問10 × 解説 段取りロスは，人の効率化を阻害するロスに該当するというよりは，設備の効率化を阻害するロスとされます。

第4章　改善に関する知識

第1節 改善のための解析手法

学習ポイント

・問題や課題の改善や解析の手法にはどのようなものがあるのだろう。

試験によく出る重要事項

1-1　問題および課題の捉え方　重要度★☆☆

1 問題と課題

問題（回復問題） （あるべき姿）	（達成された実績もあり，現状がそうなっているはずの姿，そうなっていなければならない姿）と現状の姿との差。 回復しなければならないテーマ。原因追求がポイント。
課題（改善課題） （ありたい姿）	（まだ達成された実績はないが，そうあることが望ましいという姿）と現状の姿との差。 向上することが重要であるテーマ。良いアイデアが必要。

問題と課題とは似たような言葉だけど，微妙に区別されているんだね。

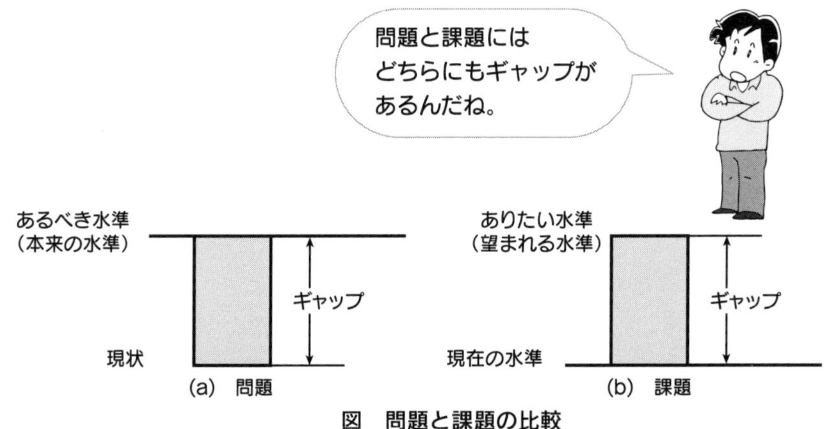

図　問題と課題の比較

2 QCストーリー（品質管理における解決物語）

QCストーリーの分類	問題解決型	課題達成型
目標の設定	既に存在している問題を定量的に把握すること	明確になっていない課題を明確に設定すること
解決のポイント	解決のための要因解析によって問題の原因を追及すること	達成のための手段・方策を立案すること
解決後の進め方	原因に対する対策の立案	達成のための最適策の設計

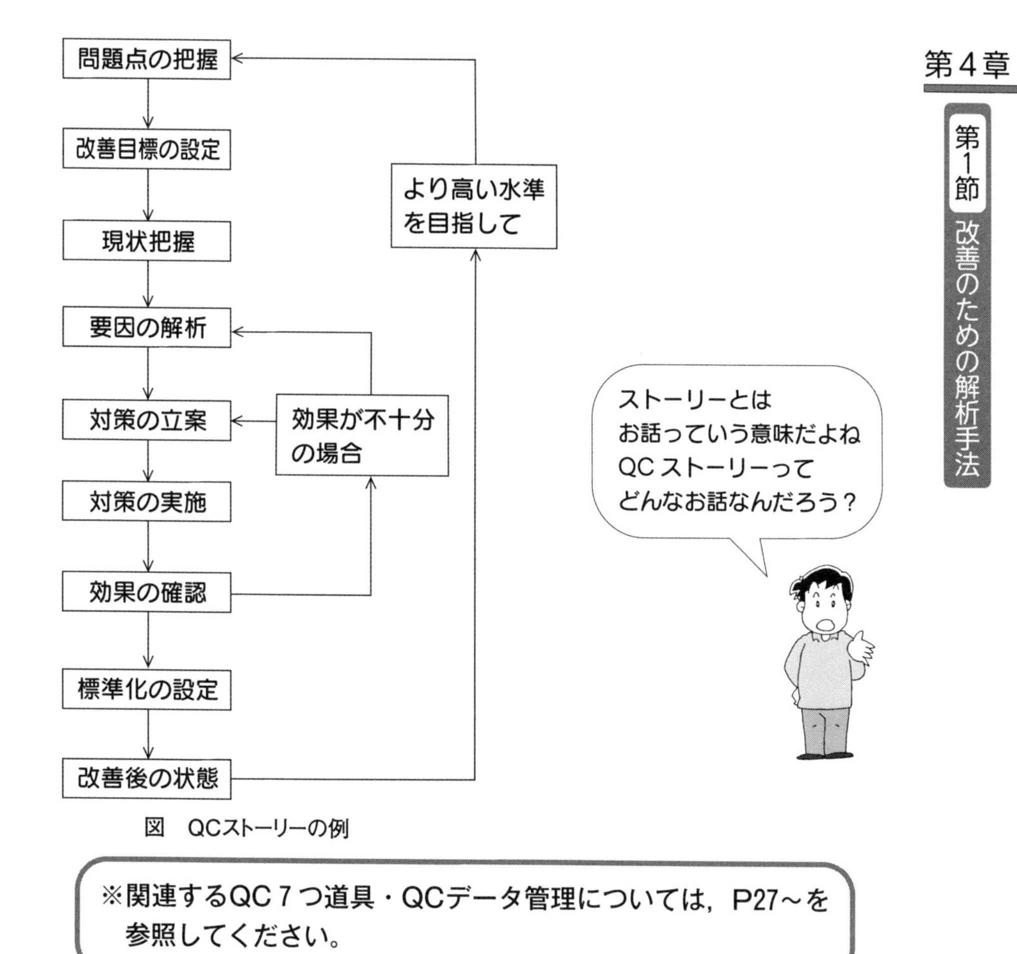

図　QCストーリーの例

※関連するQC７つ道具・QCデータ管理については，P27～を参照してください。

3 なぜなぜ分析

故障や不具合の発生に対して，それが「なぜ起こったか」を検討し，その結果について，さらに「なぜ起こったか」を追求する。

このように「なぜ」を繰り返して本質的な原因に迫る方法。

4 PM分析（PとMは下図の複数の意味を持つ）

慢性化した不具合現象（慢性不良や慢性故障）を，原理・原則に従って物理的に解析し，不具合現象のメカニズムを明確にし，それらに影響すると考えられる要因を，設備の構造上，人，材料及び方法の面からすべてリストアップするという考え方。

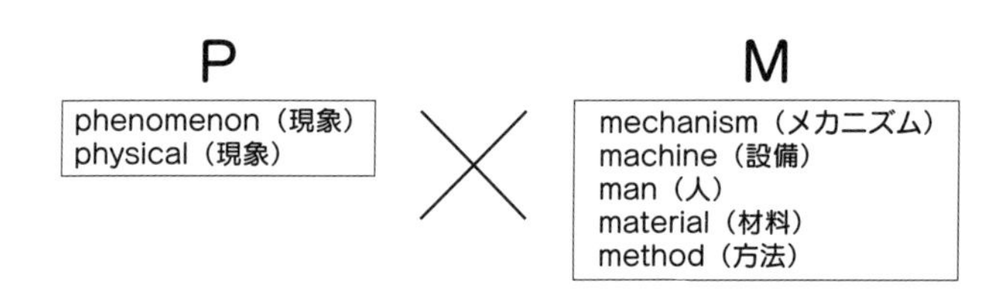

5 PM分析の進め方のステップ

ステップ	項目	内容
ステップ1	現象の明確化	現象を正しく把握するために，データの層別を十分に行う。
ステップ2	現象の物理的解析	現象を原理原則に基づき，物理的な観点で解析する。
ステップ3	現象の成立条件	現象の成立する条件を原理原則から検討する。
ステップ4	4Mとの関連性	各条件に付いて，4M（設備・治工具・人・方法）との関連性を検討し，要因をリストアップする。
ステップ5	あるべき姿の検討	本来の基準となるべきものを検討する。
ステップ6	調査方法の検討	各要因について，具体的な調査方法・測定方法・調査範囲などを検討する。
ステップ7	不具合の抽出	各項目について不具合を抽出する。
ステップ8	改善案の立案と実施	各不具合について，改善案を立案し，実施する。

6 ５Ｗ２Ｈ質問法

５Ｗ１Ｈに，How muchを加えた５Ｗ２ＨとECRS（イクルス，p72）を併用して，改善案を検討する。

7 ５Ｗ２Ｈ質問法の展開例

5W2H	質問の側面	改善案を得るための質問例
Why	なぜ（目的・必要性）	・全部やめたらどうか ・一部をやめられないか
When	いつ（時間）	・同時に行うことはできないか ・時期を変えてみるとどうか
Who	だれ（関係者）	・担当者を変えることはどうか ・人を減らすことはできないか
Where	どこ（場所・工程）	・より適切な場所や工程はないか ・同じ場所や工程で行ったらどうか
What	なに（対象）	・そのものでないとだめなのか ・属性（色・形など）を変えられないか
How	どのように（方法）	・他の方法はないか ・より単純な方法はないか
How much	いくら（発生コスト）	・もっとシンプルな方法はないか ・安い材料に変えられないか

1－2　解決の方法　重要度★★☆

1 作業研究

時間研究	生産工程における標準的作業時間を設定し，これに基づき１日の課業を決定するための研究。作業の所要時間を検討する。
動作研究	作業に使う工具や手順などの標準化のための研究。人の体の動きと目の動きを解析して，正味作業と付随作業，そして，不要作業を分類し，動作のムダ・ムリ・ムラを改善する。

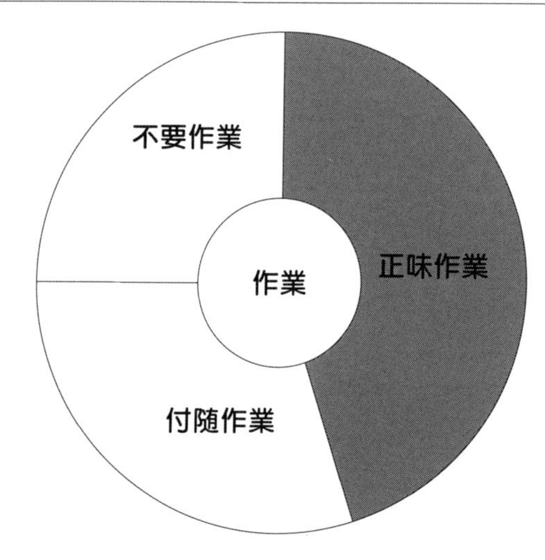

作業の分類

2 動作経済の原則（「らくに」作業できるための原則）

分類	検討内容
動作方法の原則	作業時の人体機能を考慮した動作方法
作業場所の原則	作業のしやすい作業場所の設計
治工具・機械の原則	人間工学的立場からの治工具や設備機械の設定

3 ラインバランス分析

生産ラインの作業ラインごとに割り付ける作業量を均等化する目的で行う分析。

$$\text{編成効率（\%）} = \frac{\text{各工程の作業時間の合計}}{\text{ピッチタイム} \times \text{工程表}} \times 100$$

（編成効率とは，ライン編成の効率性を示す指標で，数値が高いほどライン編成が効率化されて生産性が高いことを示す。90％以上を目標にする。）

4 ピッチタイム（タクトタイム）

1日の必要数（計画生産数）を達成するために決められた製品1個当たりの加工時間

$$ピッチタイム=\frac{1日の稼働時間\times（1-不良率）}{計画生産数}$$

5 調整と調節

調整	目的に合わせて，試行錯誤の繰り返しによって達成できる作業。 経験や判断などを最大限に活用するもので，個人のスキルの差が出やすい。
調節	かならずしも目的がなくても，現在の状態から相対的に良い状態にする。機械的にできることや機械に置き換えられる作業が多く，調整を調節に変えることができれば，人間の作業を減らすことができる。

6 改善と復元（回復）の違い

改善	これまでの水準を向上させること。
復元（回復）	正しい状態から外れているものを，正しい状態に戻すこと。

7 IE（インダストリアル・エンジニアリング，工業工学）

工業分野において，合理的な技術を追求する分野で，工場の業務をより楽に，早く，安くすることを目指します。したがって，徹底的に3ム（ムダ，ムリ，ムラ）を排除することになります。

8 価値分析（Value Analysis）と価値工学（Value Engineering）

価値分析	製品の構成要素である部品や材料の機能を価値の尺度でとらえ，それを一定水準に保ってコストを最小にすることを目的とする。
価値工学	製品やサービスの価値を高めるための考え方と技法。 価値を機能と原価との比でとらえ，価値を次式で考える。 $価値（value）=\frac{機能（function）}{原価（cost）}$

1-3　故障の解析　重要度★☆☆

1 FMEA（故障の影響解析）とFTA（故障の木解析）

FMEA	製品設計，工程設計に関する問題を故障モードに基づいて摘出し，設計段階で使用時に発生する問題を明らかにすることを目的とした手法。個々の故障からだんだんと上位のシステムに挙げて検討するボトムアップ型の手法。
FTA	製品の故障，およびそれにより発生した事故の原因を分析する手法。システムの不具合から，その下位のシステムを検討してゆくトップダウン型の手法。

2 FMEAとFTAの比較

項目	FMEA	FTA
適用	構成品目とシステム設計情報より信頼性を評価する	システムの好ましくない欠陥事象（トップ事象）の原因系を解明する。
解析方法	全ての品目の故障モードを列挙し，システムへの影響を評価，想定外の事項を洗い出し，対策に漏れがないか検討する。	トップ・中間・基本事象間の関係を，事象記号（論理記号）によってFT図を作成する。
特徴	システムや製品の単一故障の解析に適する。	ソフトウェアを含む多重故障の解析が可能。トップ事象に関係ない中間事象については解析できない。
成果	故障モードを起点に，想定外の故障や事象を洗い出し，次善に対策を講ずることができる。	FT図を用い，トップ事象の発生経路，致命的事象を定めることで，関連の信頼性の弱い部分を指摘し，対策を実施できる。

1 実戦問題

以下の問題文が正しければ，○を，誤っていれば×をマークしなさい。

□□ **問1** ラインバランス分析において，ピッチタイムという概念が用いられるが，これは一日の計画生産数を達成するために定められた製品一個当たりの加工時間をいう。

□□ **問2** FMEAは，故障の影響解析とも呼ばれるが，これは原因が複数あって錯綜するような慢性故障の解析に有用である。

□□ **問3** 動作経済の原則の基本となる見方を一言で表現すると，「早く」ということである。

□□ **問4** QCストーリーは，もともと問題解決事例をわかりやすく説明するために工夫された報告書のスタイルから始まったものである。

□□ **問5** QCストーリーの「現状把握」の段階では，原因に対する改善案を挙げることが行われる。

□□ **問6** PM分析は，主として慢性ロスをなくすために考えられた解析手法である。

□□ **問7** 5W2Hとは，5W1HにHow　much（いくら？）を加えたものである。

□□ **問8** 調整と調節とでは，経験の違いなどによる個人のスキルの差が表れやすいのは，調節である。

□□ **問9** 作業研究には，工程分析と時間研究とがある。

□□ **問10** 改善の4原則としてECRSという手法があるが，これをECRSの順に行うと効率的であるとされている。

1 実戦問題の解答と解説

問1　○　解説　ラインバランス分析では，ピッチタイムという考えがあり，これは一日の計画生産数を達成するために定められた製品一個当たりの加工時間をいうものです。

問2　×　解説　FMEAは，故障の影響解析ともいわれますが，これは原因が単一の故障解析に適しています。故障のモードを決めるところから入ります。

問3　×　解説　動作経済の原則の基本となる見方を一言で表現すると，「早く」ではなくて，「楽に」ということになります。

問4　○　解説　QCストーリーは，もともと問題解決事例をわかりやすく説明するために工夫された報告書のスタイルから始まったものです。

問5　×　解説　QCストーリーの「現状把握」の段階では，問題発生の証拠となる事実をデータで示すことを行います。

問6　○　解説　PM分析は，主として慢性ロスをなくすために考えられた解析手法です。

問7　○　解説　5W2Hとは，5W1HにHow much（いくら？）を加えたものです。

問8　×　解説　調整と調節とでは，経験の違いなどによる個人のスキルの差が表れやすいのは，調節ではなくて，調整です。

問9　×　解説　作業研究には，工程分析はありません。時間研究と動作研究とがあります。

問10　○　解説　改善の4原則としてECRSという手法があるが，これをECRSの順に行うと効率的であるとされています。

さて，いよいよ最後の章を
残すだけになりました。
がんばって下さい。

第5章　設備保全の基礎

第1節　締結部品および潤滑

第2節　空圧および油圧

第3節　駆動および伝達

第4節　電気および測定機器関係

第5節　機器・工具および使用材料

第6節　図面関係

設備保全の基礎技術には
どのようなものがあるのかな

第１節 締結部品および潤滑

学習ポイント

・締結部品や潤滑の勘所には，どのようなものがあるのだろう。
・装置の密封性（シール）も重要なので，押さえておこう。

試験によく出る重要事項

1-1　締結部品　重要度★☆☆

1 ボルトおよびナットの役割（締結力はボルトに発生する軸力の作用）

クランプねじ	部品を他の部品に締め付ける（一時的締結） 部品を他の部品に取り付ける（半永久的締結）  **クランプねじ**
調整ねじ	機械部品と他の部品との関係をわずかの範囲で調節する。 （例：顕微鏡の調節ねじ）
送りねじ	回転運動を直線運動に，また，直線運動を回転運動に変換し，他の機械部品の位置を移動させる。 （例：ジャッキ，万力等の締めねじ）

2 ねじの原理

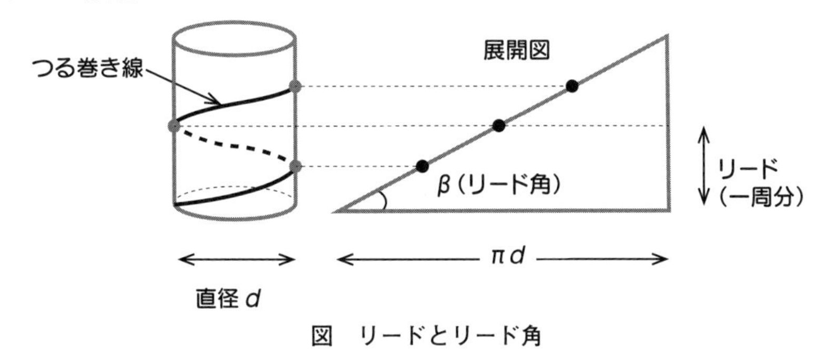

図　リードとリード角

3 雄ねじと雌ねじ

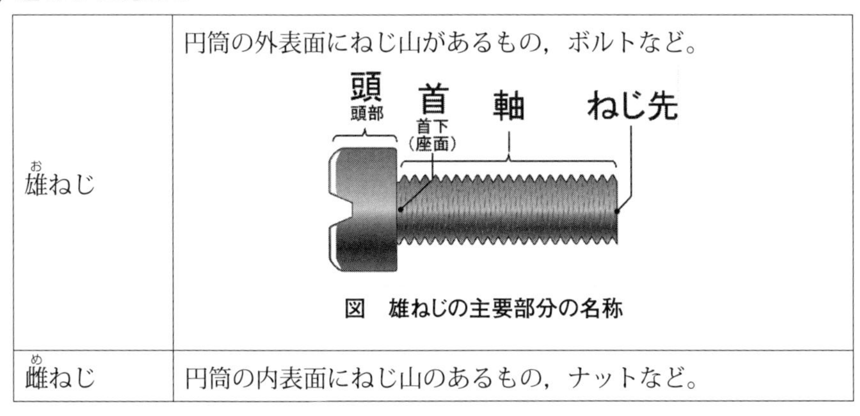

雄ねじ	円筒の外表面にねじ山があるもの，ボルトなど。 図　雄ねじの主要部分の名称
雌ねじ	円筒の内表面にねじ山のあるもの，ナットなど。

4 右ねじと左ねじ

右ねじ	ねじを軸方向に眺めた時，時計回り（右回り）に回した場合，眺めている人から遠ざかる（前進する）ようなねじ。大半が右ねじ。
左ねじ	ねじを軸方向に眺めた時，反時計回り（左回り）に回した場合，眺めている人から遠ざかる（前進する）ようなねじ。

5 一条ねじと多条ねじ

一条ねじ	一本のつる巻き線で形成されたねじ。最も一般的なねじ。
多条ねじ	複数本のつる巻き線で形成されたねじ。条数が多いほど，1回転当たりの移動距離が大きい。

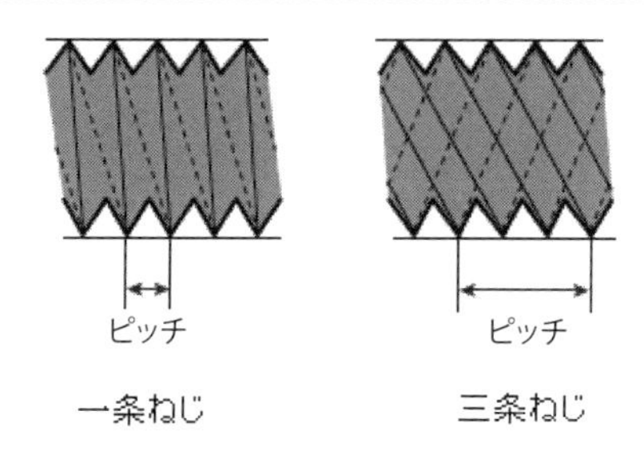

図　一条ねじと多条ねじ

6 リードとピッチ

リード	ねじ山の1点が1回転で軸方向に移動する距離。
ピッチ	隣り合うねじ山の中心線の間の距離。

リード＝条数×ピッチ

7 ねじのサイズの単位

メートルねじ	ミリメートルで表現するサイズ。mm単位。
インチねじ	インチで表現するサイズ。インチ単位。

8 ねじの呼びと有効径

ねじの呼び	ねじの形式と大きさを表す記号。ねじの**呼び径**は，ねじの基本寸法となるもので，通常は雄ねじの外形寸法で表す。 例えば，呼び径10mmのメートルねじは「M10」が呼びとなり，雌ねじの場合はこれにはまり合う雄ねじの外形寸法とする。
ねじの有効径	ねじの山の部分と谷の部分とが等しくなる理論上の円筒の直径のことで，ねじの強度計算や精密な測定の場合の基本となる寸法。外径寸法が同じ場合，ピッチの小さいほうが有効径は大きくなる。有効径の測定には三針法*を用いる。

*三針法：三本の針と外側マイクロメータを用いた測定法

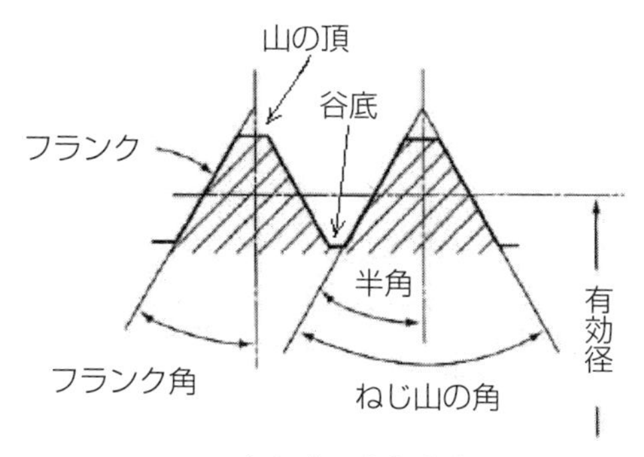

ねじ山の各部名称

9 並目ねじと細目ねじ

並目ねじ	ピッチの大きさが標準的なねじ。広く使用されている。
細目ねじ	並目ねじよりピッチが小さいねじ。薄板や薄肉材料の締付けに適している。

外形寸法が同じ場合，細目ねじのほうが並目ねじより有効径が大きく，ねじの強度や締付け力も大きくなり，またゆるみやすくなります。

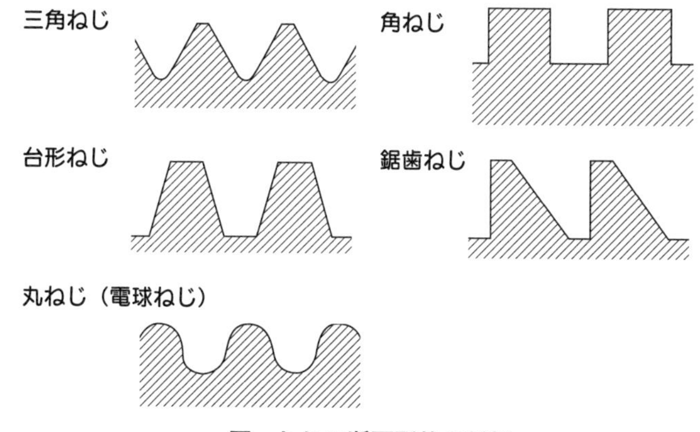

図　ねじの断面形状の種類

10 ボルトとナット

部品や板材などを固定する際，接合方法の1つとして，締結部品であるボルトやナットを用いる方法もある。

ボルト	外側にねじがあるもの（雄ねじのもの）
ナット	内側にねじがあるもの（雌ねじのもの）

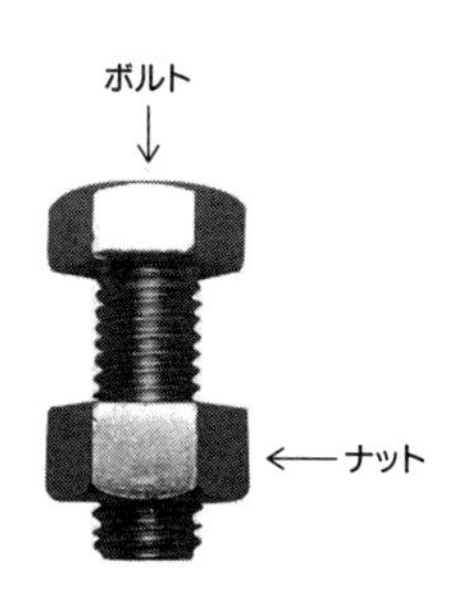

11 ボルトの締結方式

通しボルト	貫通している通り穴に，ナットとともに用いるボルト。二つの部品にボルト外径より1～2mm大きな穴をあけてボルトとナットで締付ける。
リーマボルト	リーマ穴加工（リーマとは穴を広げる道具）して，ボルトとしっくりはまるようにして締め付ける方式。ボルトとリーマ穴に遊びがほとんどなく，取付け精度が高い。
ねじ込みボルト	ナットは使わず，ボルトをねじ込むだけで締め付ける方式。押さえボルト，タップボルトともいう。
両ナットボルト	両端にねじ切りしたボルト（頭のないボルト）で，両端をナットで締め付ける。通しボルトが通せない場合など。
植込みボルト	両端にねじ切りしたボルトの片端を機械本体などに植込み製作して，他端をナットで締め付ける

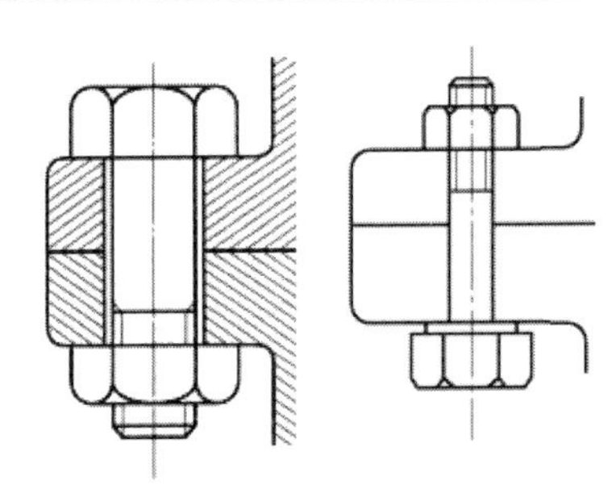

通しボルト　　リーマボルト（精密な穴あけ加工）

図　通しボルトとリーマボルト

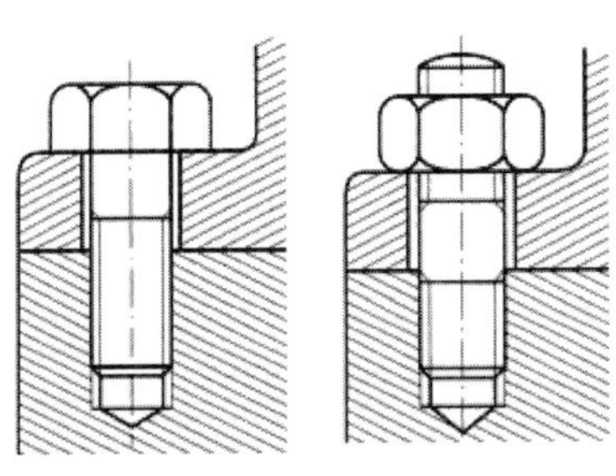

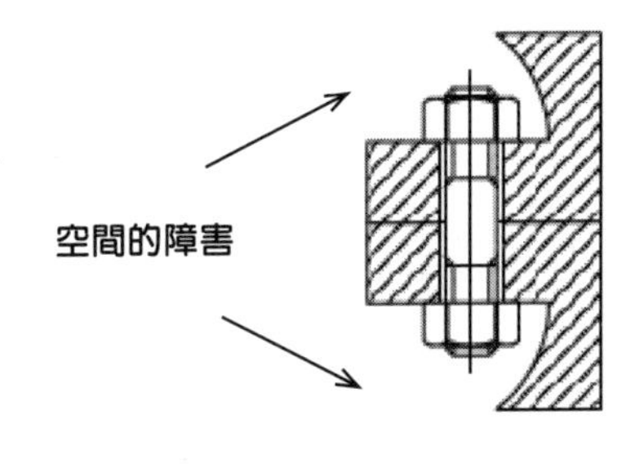

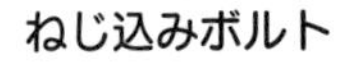

ねじ込みボルト　植え込みボルト　　両ナットボルト

図　各種ボルト

12 ボルトの種類

基礎ボルト	機械などを据え付けるため，コンクリートの基礎などに埋め込むボルト。アンカーボルトともいう。
T溝ボルト	T型の溝に頭部をはめて移動し，任意の位置に固定できるボルト。片端にねじが切られ，ナットで締め付ける。
控えボルト	機械部品の間隔を保つために用いるボルト。両端にねじを切ってある。ボルトに段付きを設けたり，隔て管を入れたりして，ナットで間隔を調節する。
アイボルト	頭部がリング状をしたボルト。機械や装置などの重量物を吊り上げるときに用いる
六角ボルト	頭部が六角形のボルト。一般に六角ナットをはめ合わせる。機械部品や構造物の締結に広く用いられる。 **フランジ付き六角ボルト**は，座面を広くするため，円錐状のつば（フランジ）がついた六角ボルトでゆるみ止めの効果がある。
蝶ボルト	頭部が蝶の羽のような形のボルト。工具がなくても手で締め付けできる。つまみボルトともいう。

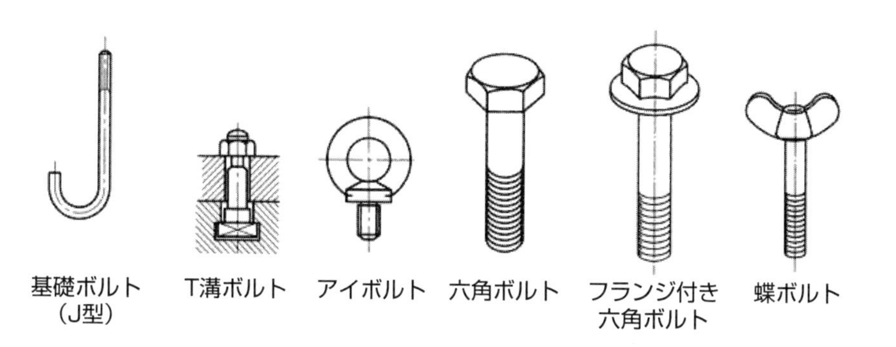

13 ナットの種類

六角ナット	六角柱に雌ねじが切られたナット。最も一般的に使われる。**フランジ付き六角ナット**は，座面を広くするため，円錐状のつば（フランジ）がついたもの。ゆるみ止め効果がある。**溝付き六角ナット**は，六角ナットに溝を付けたもの。キャッスルナットともいう。ゆるみ止め効果がある。割りピンと併用する。
四角ナット	外形がほぼ正方形のナット。建築用や木工用に用いられる。
蝶ナット	頭部が蝶の羽のような形状のナット。蝶ボルトと同様で，工具がなくても，手で締付が可能。つまみナットともいう。
袋ナット	ねじ穴の一方が半球状に閉じたナット。ねじ部から流体が漏れるのを防ぐ場合などに用いる。

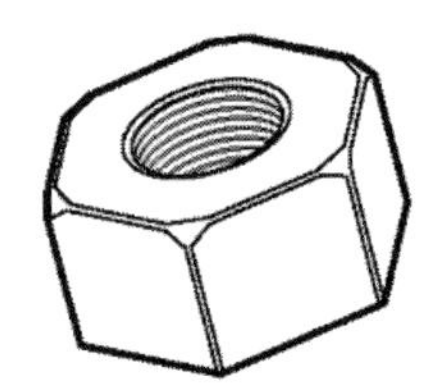
六角ナット

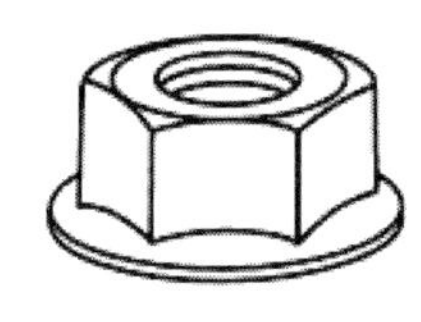
フランジ付き六角ナット

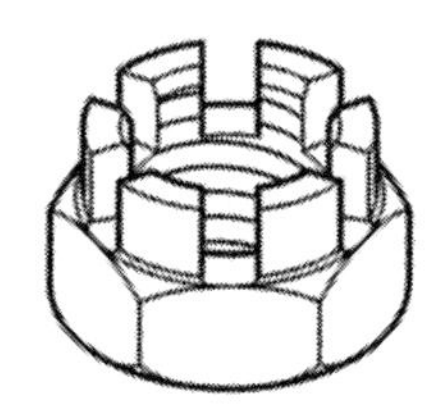
溝付き六角ナット

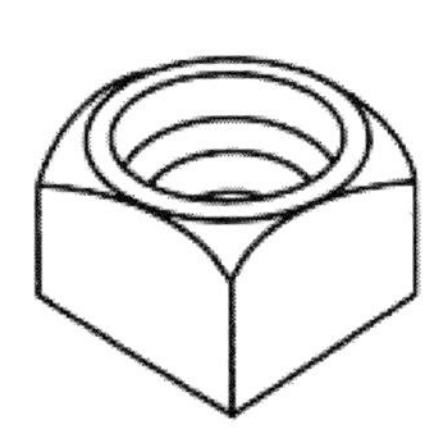
四角ナット

蝶ナット

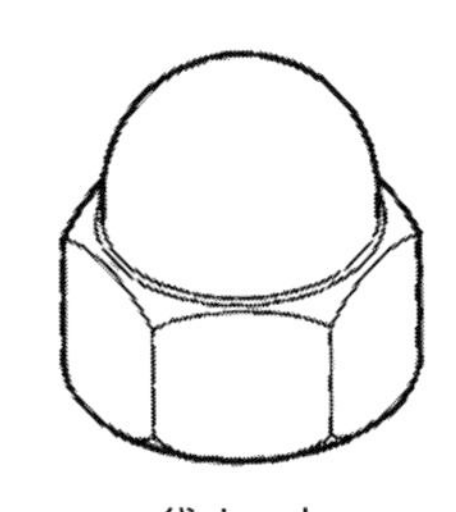
袋ナット

14 ナットのゆるみの原因

ナットの回転有無	ゆるみの原因
ナットが戻り回転しない	① 接触面の小さな凹凸のへたり ② ガスケットなどのへたり ③ 接触部のわずかな摩耗 ④ 座面部の締め付け物の陥没 ⑤ 熱（温度変化）によるもの
ナットが戻り回転する	① 衝撃的な外力 ② 締め付け物どうしの相対的変位

15 座金（ざがね）（ワッシャ）の種類

平座金	鋼の平板状の座金。通常は円形だが，角型のものを**角座金**という。接触面積を増やして力を分散し締め付けを安定させる。
舌付き座金	平座金の一部に突き出た部分（舌）がある座金。舌が回り止めの働きをする。舌は折り曲げて用いる。
つめ付き座金	平座金の一部につめ状の突起部を設け，その部分を折り曲げて回り止めにした座金。**外つめ付き座金と内つめ付き座金**があり，いずれもゆるみ止めの効果がある。
ばね座金	平座金の一部を切断し，切り口をねじってばね作用を持たせた座金。弾力性があるので，ゆるみ止めの効果が大きい。左ねじには右巻きのものを，右ねじには左巻きのものを用いる。スプリングワッシャともいう。
皿ばね座金	底が空き湾曲した皿の形にしてばね作用を持たせた座金。
歯付き座金	座金の外周や内周に等間隔で歯をつけた座金。歯のばね作用を利用。ゆるみ止め効果あり。柔らかい座面には不適。形から菊座金とも言われる。

平座金

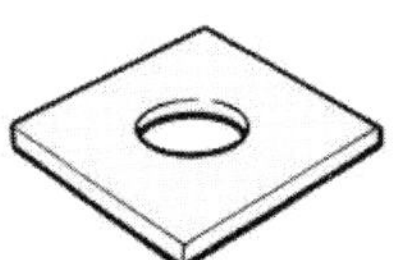
角座金

ばね座金

歯付き座金

16 キー（マシンキー）の種類

（回転軸に，歯車やプーリなどの回転体（ボス）を固定）

沈みキー	回転軸とボスの両方にキー溝を切り，棒状のキーをはめ込む。最も一般的に用いられる。高速回転用，重荷重用に適する。キーに勾配のない**平行キー**（植込みキー）と，抜け出るのを防ぐためキーに1/100の勾配を付けた**勾配キー**（打込みキー）がある。
平(ひら)キー	ボスにのみキー溝を切り，軸はキー幅分だけ平らに削り，1/100テーパのキーを打ち込むもの。伝達能力は低いが，鞍キーよりは高い。回転方向が変わるとゆるみやすい。
鞍(くら)キー	ボスにのみキー溝を切り，軸は加工せずに，1/100テーパのキーを打ち込むもの（くさび効果)。軸との固定が摩擦力だけなので，大きな荷重が働く場合や，回転方向が反転する場合には不適。大きなトルクは伝えられない。軸の任意の箇所にボスが固定できる。
半月キー	半円板形のキーを溝にはめ込み，ボスを取り付けて固定させるもの。キーが溝の中で動くため，取り付けや取り外しが容易。他のキーに比して溝が深く，軸強度が弱くなる。あまり大きな力のかからない小径の軸に用いる。
接続キー	キー溝を軸の接線方向に作り，勾配のついた2本のキーを互いに反対方向に打ち込むもの。大きなトルクの伝達が可能。軸と穴のガタをとることが可能。回転方向が正逆に変化する場合に適する。
滑りキー	キーを軸やボスにボルトで固定し，スライドできるようにしたもの。キーには勾配がなく，伝達能力は低い。クラッチや変速機に用いる。

キーの長さは，特に指定されたもの以外は，軸径の1.5倍とします。

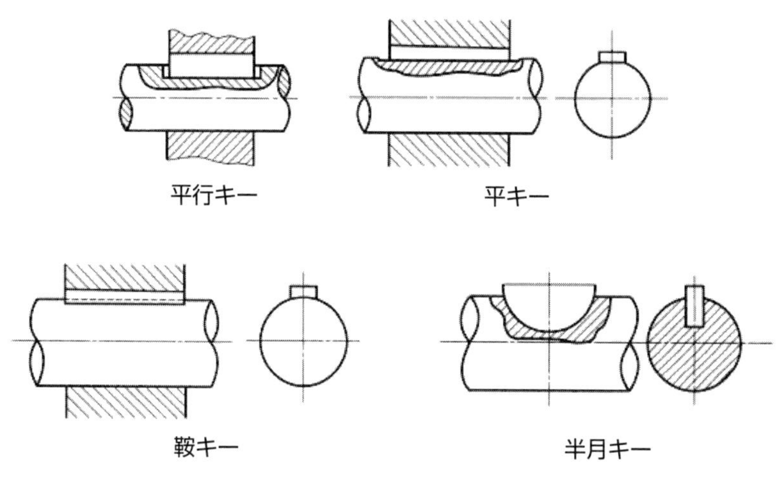

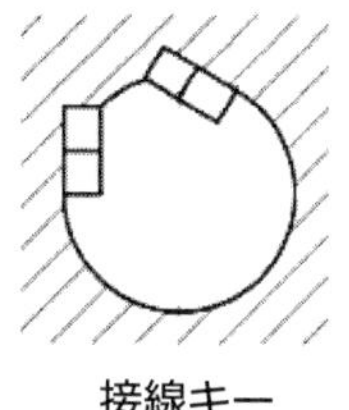

17 ピンの種類（複数の物体の固定）

平行ピン	径の小さい鋼製の円筒丸棒。二つの機械部品の位置を正確に保つために用いる。ピンの大きさは呼び径と長さで表す（単位はいずれもmm）。
テーパピン	断面が円形で，テーパ（通常 1/50）がついたピン。軸とボスを固定する場合に用いる。呼び径は小端部の直系で表す。
割りピン	針金を二つ折りにしたもの。ナットなどの回り止めや，軸にはめた輪の脱落を防ぐために用いる。穴に差し込み，脚（先端部の 2 本針金）を開いて固定する。一度使用したものは金属疲労などがありうるので再使用はしない。

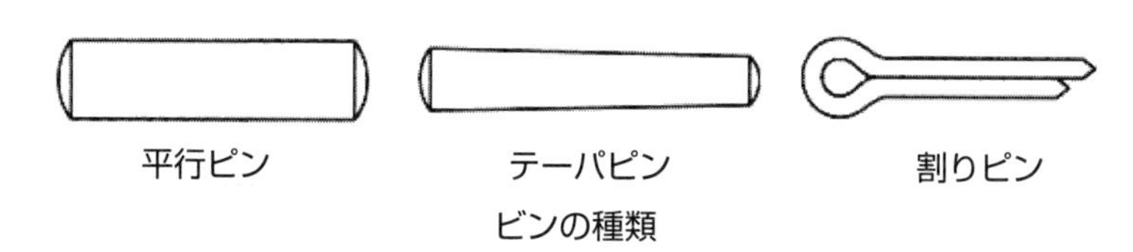

ピンの種類

18 コッタ

厚さが一定で軸に勾配のある板状の楔（くさび）。軸と軸を軸方向のゆるみがないようにつなぐ。勾配は，よく抜き差しする場合1/5～1/10程度，あまり抜き差ししない場合には1/20～1/50程度とする

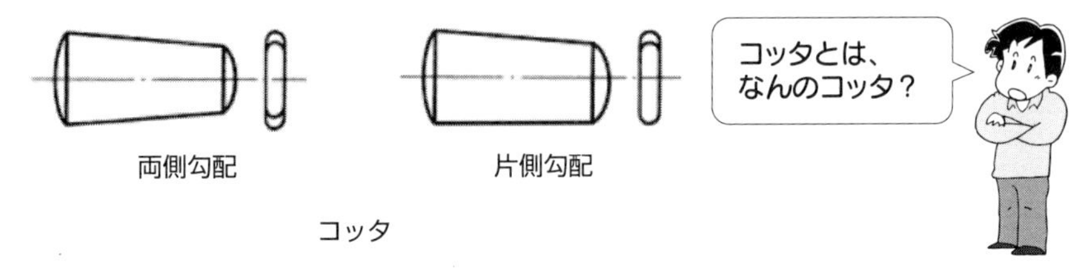

コッタ

19 止め輪

軸や穴の壁に溝をつけ，その溝にはめて軸に取り付けた部品などの軸方向の動きを止める。スナップリングともいい，部品の位置決めなどに用いる

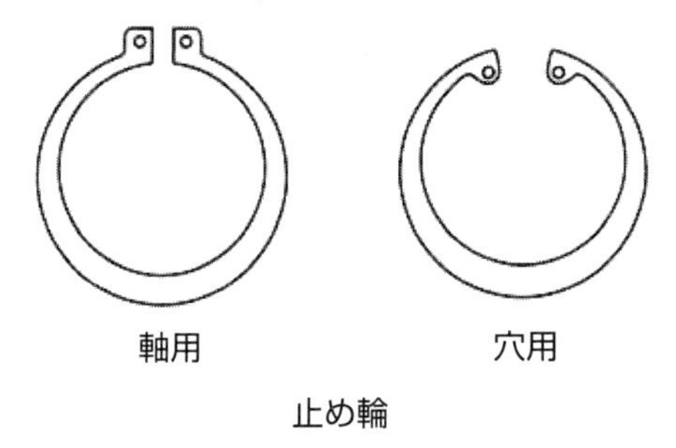

止め輪

20 締付工具

スパナ

モンキーレンチ
（サイズ調節機能あり）

ただし，モンキーレンチは，下あご（調節部分）が，正しい使い方をしてもずれやすく，ボルトの目をつぶしやすい。また，小径のボルトには規定以上の力がかかりやすいので，非常用の工具と考えておくことが望ましい。

21 締付けのレベル

M6までのボルト	人差し指・中指・親指の３本でスパナを持ち，手首の力で締める
M10までのボルト	スパナの頭（ボルトに付けていない側）を握り，肘(ひじ)から先の力で締め付ける
M12～M14のボルト	スパナの柄の部分の端をしっかり握り，腕の力を十分に効かせて締め付ける

22 ボルトの締め付け順序

：基本は対角線の順序に

（１）４つのボルトの場合

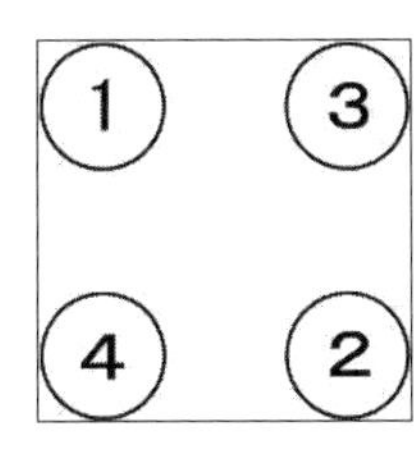

1 ⇒ 2 ⇒ 3 ⇒ 4 ⇒ 1 ⇒ 2 ⇒ 3 ⇒ 4 ⇒ 1 ⇒……

（２）５つのボルトの場合

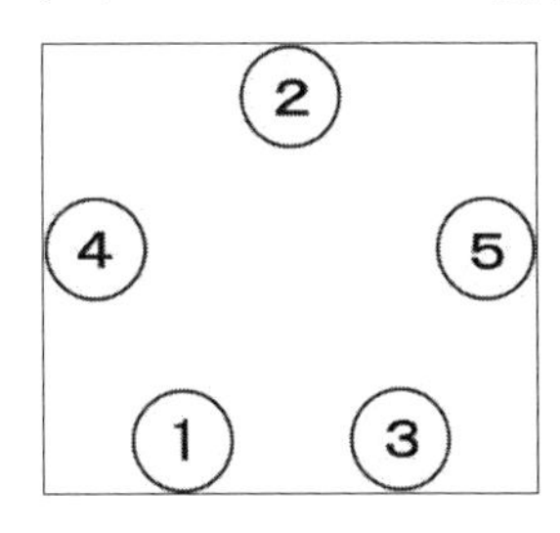

1 ⇒ 2 ⇒ 3 ⇒ 4 ⇒ 5 ⇒ 1 ⇒ 2 ⇒ 3 ⇒ 4 ⇒ 5 ⇒ 1 ⇒……

23 二重ナットによる締付け作業

① 最初に下の止めナットを適正トルクで締め，軸力（内部に発生する反作用力）を発生させる。
② 次に，上の正規ナットをセットし，やはり適正トルクで締め軸力を発生させる。
③ ロッキング作業（羽交い絞め）として，上の正規ナットを一つのスパナで回り止めし，下の止めナットを他の薄いスパナで逆方向に15°～20°程度回転する。

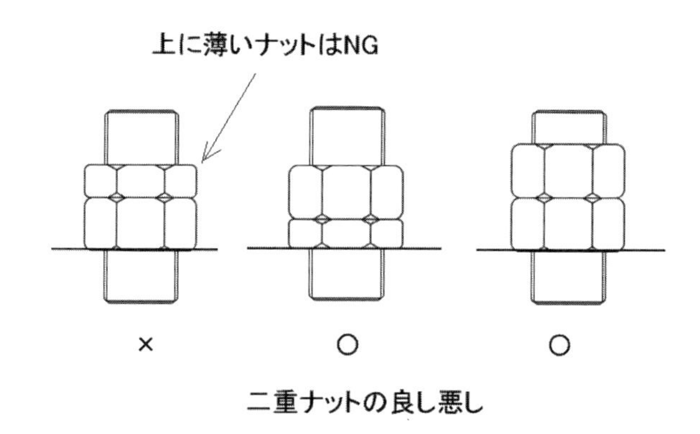

二重ナットの良し悪し

24 ボルト・ナットのゆるみやすい場所

・衝撃荷重のかかる場所
・振動の起きやすい場所
・温度変化の多い場所
・装置・機械の内部で保守管理しにくい場所

25 ボルト・ナットのゆるみ防止の考え方

・同じサイズのねじは，並目ねじより細目ねじが，ゆるみにくい。
・接触面の摩擦係数が大きいほど，ゆるみにくい。
・ボルト・ナットが回転しないようにロックすると，ゆるみにくい。

26 シール

機械内外部からの液漏れや異物浸入を防ぐための密封装置をシールといいます。シールには，**固定用**（ガスケット）と**運動用**（パッキン）があります。

運動用シールには，成形パッキン（Vパッキン，Uパッキン，Lパッキンなど），グランドパッキン，メカニカルシール，オイルシールなどがあり，使用する用途によって種類が異なります。

1-2　潤滑　重要度★★☆

1 潤滑油と作動油

潤滑油	摩擦する部分のすべりを良くするための油
作動油	操作や動力を伝達するための油で，油圧アクチュエータを動作させる（アクチュエータとは，電気信号を機械的動作に変換する機械）

2 潤滑点検

日常点検	始業時	目視，聴覚（異音），手触り（振動，発熱他）などで判断できる内容を実施
精密点検	週・月単位	オイルレベル，油漏れ，計器測定（振動，発熱他）などを実施

3 潤滑の働きと効果

減摩効果 （摩耗を減らす）	摩擦を減らして摩耗を防ぐ。 摩擦抵抗を少なくして摩擦を防ぎ，動力損失も少なくして，機械効率を高める。
冷却作用 （冷やす）	摩擦熱の発生を抑え，発生した熱を運び去る。 焼付きや熱膨張によるトラブルを防ぐ。
洗浄作用 （汚れ落とし）	汚れやすすを落として，洗い流す。 摩擦面から異物を運び出す。
錆止め作用 （腐食防止）	金属表面の錆や腐食を防ぐ。 金属表面に密着して，空気や水との接触を防ぐ。
応力分散作用 （力を分散）	接触面に油膜を作り，力を分散する。 油膜によって潤滑部分の集中荷重を分散させる。
密封・防じん作用 （隙間を防ぐ）	ガス漏れや，水，ほこりの侵入を防ぐ。 潤滑部を密封し，外からのほこりなどの侵入を防ぐ。

4 油膜潤滑の2種類

境界潤滑	極めて薄い油膜での潤滑で，部分的にはこすっている場合，金属どうしの直接接触が一部にあり，摩擦が発生している。
流体潤滑	十分な油膜がある場合で，金属面どうしは完全に離れている状態。

5 潤滑剤の分類と例

液体潤滑剤	潤滑油（鉱物性，動植物性，合成，混成）
半固体潤滑剤	グリース
固体潤滑剤	二硫化モリブデン，黒鉛，ポリふっ化エチレン樹脂（PTFE）

6 潤滑油の性質

粘度	粘度が高すぎると，摩擦抵抗が大きくなり，動力損失が増大したり発熱したりする。粘度が低すぎると，油膜が切れやすくなり潤滑作用が不十分になる。使用箇所の荷重・温度・速度などに適応した粘度のものを選ぶ必要がある。 高い負荷の場合ほど高粘度のものを用いる。温度が上がると粘度は下がる。
粘度指数（VI）	温度による潤滑油の粘度変化の大きさを示す指標。 粘度指数が高いほど，温度による粘度変化が小さく，良質とされる。
流動点	潤滑油を冷却した時，全く流動しなくなる温度を流動点という。低温でも流動するものが良質とされる。
極圧性能	極圧とは，線や点で接触した部分にかかる摩擦抵抗のことで，特に強い圧力がかかった場合に焼付きを防ぐ働きのある**極圧潤滑剤**（硫黄やりんなどの化合物）を配合すると極圧性能が高められる。
油性	粘度が同じでも摩耗度が異なる場合があり，摩耗度の少ないほうが油性が良いとされる。金属表面に付着し，強い被膜を作る働きのある**油性向上剤**が油性を高めるために用いられる。

7 潤滑油とグリースの比較

項目	潤滑油	グリース
冷却効果	大きい	なし（逆に発熱あり）
洗浄効果	あり	なし
防錆効果	あり	あり
回転速度	中・高速用	低・中速用
密封効果	なし	あり
外部漏れ	大きい	少ない
耐荷重性	あらゆるタイプに可能	中荷重
ゴミのろ過	容易	困難
取り換え性	容易	困難
潤滑性能	非常によい	よい

8 グリースの性質

ちょう度	グリースの硬さの指標で，数値が小さいほど硬くなる。JISなどが定めるちょう度番号は数値が大きいほど硬くなる。ちょう度の測定は，規定の円錐を落下させ，進入深さを10倍した値で表す。
滴点（てきてん）	グリースを規定の容器で加熱し，グリースが液状になり滴下し始める温度。耐熱性の目安になる。一般に滴点の高いものほど使用温度上限や耐熱性は高いが，高滴点増ちょう剤を使ったものでも基油の耐熱性が低いと，滴点が高くなっても使用温度上限は低い。
耐水性	水分の多い環境で使用する場合に，水が過度に入り込み軟化する傾向の少ない性質。

ちょう度とちょう度番号

ちょう度（25℃）	JIS ちょう度番号	NLGI ちょう度番号	硬さ
445 ～ 475	000 号	No.000	軟
400 ～ 430	00 号	No.00	↑
355 ～ 385	0 号	No.0	
310 ～ 340	1 号	No.1	
265 ～ 295	2 号	No.2	
220 ～ 250	3 号	No.3	
175 ～ 205	4 号	No.4	
130 ～ 160	5 号	No.5	↓
85 ～ 115	6 号	No.6	硬

9 グリースの種類

一般極圧グリース	カルシウム石けん基のグリースに極圧添加剤を加えたもので，耐圧性はよいが耐熱性は低い。自動車のシャシなどに用いられる。
リチウム基極圧グリース	リチウム石けんに酸化鉛を加えて，耐熱性，耐圧性，機械的安定性に優れる。
耐熱グリース	高温になるにつれ，油分蒸発などにより硬化するものと軟化するものとがある。条件によって選択する必要あり。
二硫化モリブデングリース	ペースト状のものは，初期の焼付きを防ぐためあらかじめ摩擦面に塗布することあり。高温用に使用。
シリコングリース	増ちょう剤にリチウム石けん基を，基油にシリコン油を用いたもの。耐熱用などに幅広い用途がある。

10 増ちょう剤の種類

石けん基	カルシウム石けん，ナトリウム石けん，アルミニウム石けん，リチウム石けん，バリウム石けん
非石けん基	石英，黒鉛，雲母(うんも)

11 潤滑剤の供給方法

手差し潤滑	油差しで給油口などから給油する方法。油量を一定に保ちにくい。給油を忘れるおそれがある。一般に軽荷重で低速運転の場合などに用いられる。
滴下潤滑	重力を利用して潤滑油を滴下する方法。油面の高低・温度変化により滴下量が変化するため要注意。調節弁の開度を変化させて，滴下量を調整する。
灯心潤滑	油だまりから油を灯心のサイホン作用と毛細管現象で滴下する方法。粘度の高い油には不適。多少ゴミの入った油でも灯心でろ過される。灯芯潤滑とも書く。
浸し潤滑	軸受けの一部を油に浸す方法。周囲を密閉する必要がある。油量が多すぎると酸化促進や温度上昇が起きる。歯車装置などに用いる。浸し給油や油浴潤滑ともいう。
強制潤滑	ポンプの圧力によって潤滑油を循環させ，強制的に給油する方法。高速・高圧の軸受などに適する。強制循環給油ともいう。油温・油量の調節が確実にでき，冷却効果も高い。循環給油装置のタンクの油温は，運転中で30～55℃が適切。
噴霧(ふんむ)潤滑	水分を除いた清浄な圧縮空気で油を霧状にし，潤滑部に吹き付けて給油する方法。戻りの配管不要で装置が簡単。少量の油で潤滑効果がある。集中化・自動化が可能。冷却効果は大きい。タービン油を霧状にするルブリケータが用いられる。オイルミスト潤滑ともいう。
はねかけ潤滑	軸にはねかけ用の翼をつけたり，回転体を直接油面に接触させ油をはね飛ばしたりして軸受などに給油する方法。はねかけ給油，飛沫潤滑ともいう。
パッド潤滑	潤滑油を含ませたパッドを軸受の荷重のかからない側に付け，毛細管現象により給油する方法。パッド注油ともいう。軸受面を清浄に保てる。
リング潤滑	横型軸受下部の油だまりから，軸にかかり回転するリングにより軸受上部に給油する方法。中速用に適する。
重力潤滑	上部油槽を高所に設け，パイプにより給油する方法。中・高速用に適する。
ねじ潤滑	軸にねじ溝状の油溝を切り，その両端に油だまりを設け，軸の回転とともに油を軸方向に供給する方法。スラスト軸受などに適する。
集中給油	ポンプ，分配弁，制御装置によって適量の給油をする方法。集中化・自動化が可能。潤滑油の給油，グリースの給脂などに用いる。

⑫ 潤滑油（作動油）の劣化

影響要因	現象	防止策
金属	潤滑油の中に金属が入ると，激しい酸化が起きる。金属石けんも酸化促進剤となる。	金属摩耗粉をマグネットフィルタなどで除去。
熱	温度上昇で酸化が進む。長時間の日光照射でも紫外線の影響で変質する。	60℃以上での使用を避ける。
水	金属摩耗粉などが入ると水による乳化（白濁化）が促進される。	水分の混入を避ける。
塵埃（じんあい）	塵埃の混入により劣化や摩擦面の摩耗が促進される。	コンタミネーション・コントロールを行う。

13 作動油の分類

<table>
<tr><td colspan="2" rowspan="8">鉱油系
（石油系）
全体の95％</td><td colspan="2">純鉱油作動油（HH）</td></tr>
<tr><td colspan="2">R&O系作動油（HL）注1）</td></tr>
<tr><td colspan="2">耐摩耗性作動油（HM）</td></tr>
<tr><td rowspan="2">高粘度指数低流動点作動油</td><td>R＆O系</td></tr>
<tr><td>耐摩耗性</td></tr>
<tr><td colspan="2">油圧摺動面兼用油</td></tr>
<tr><td colspan="2">NC作動油（マルチパーパスオイル）</td></tr>
<tr><td colspan="2">その他作動油として用いられる潤滑油</td></tr>
<tr><td rowspan="9">難燃性</td><td rowspan="4">含水系</td><td colspan="2">O/Wエマルジョン系作動液（HFAE）注2）</td></tr>
<tr><td colspan="2">同・高含水作動液（HWBF）</td></tr>
<tr><td colspan="2">W/Oエマルジョン系作動液（FHB）注2）</td></tr>
<tr><td colspan="2">水ーグリコール系作動液（HFC）</td></tr>
<tr><td rowspan="5">合成系</td><td colspan="2">リン酸エステル系作動液（HFDR）</td></tr>
<tr><td colspan="2">シリコン系作動液</td></tr>
<tr><td colspan="2">合成炭化水素系作動液（HFDS）</td></tr>
<tr><td colspan="2">有機エステル系作動液</td></tr>
<tr><td colspan="2">その他</td></tr>
</table>

注1）R&Oタイプ油のRは錆止め剤，Oは酸化防止剤の意

注2）O/Wはオイル/水の意，W/Oは水／オイルの意。エマルジョンは懸濁液のことで，オイル/水は水の中に油の微粒が分散，水/オイルは油の中に水の微粒が分散している状態をいいます。

14 作動油の使用温度（タンク内温度基準の例）

<table>
<tr><th>温度範囲</th><th>領域</th><th>基準</th></tr>
<tr><td>80～100℃</td><td>危険温度領域</td><td>使用不可</td></tr>
<tr><td>65～80℃</td><td>限界温度領域</td><td rowspan="2">作動油の寿命短縮。オイルクーラーの設置が必要。８℃上昇で寿命は半減</td></tr>
<tr><td>55～65℃</td><td>注意温度領域</td></tr>
<tr><td>45～55℃</td><td>安全温度領域</td><td rowspan="2">この温度範囲での使用が望ましい</td></tr>
<tr><td>30～45℃</td><td>理想温度領域</td></tr>
<tr><td>20～30℃</td><td>常温領域</td><td>始動危険はないが，粘度大のため効率低下</td></tr>
<tr><td>０～20℃</td><td>低温領域</td><td>始動における危険性大</td></tr>
</table>

1 実戦問題

以下の問題文が正しければ，○を，誤っていれば×をマークしなさい。

□□ **問１** キーの長さは，特に指定されたもの以外は，軸径の２倍とする。

□□ **問２** モンキーレンチは，サイズ調節機能が自在にできるので便利であり，自主保全においては，常に活用すべきである。

□□ **問３** ボルトをスパナで締め付ける場合に，M6以下のボルトでは，手首の力だけで締めるべきである。

□□ **問４** ナットがゆるみ方向に回転する場合には，衝撃的な外力が加わって緩んだと考えられる。

□□ **問５** ねじのリードは，ねじの条数とピッチの積に一致する。

□□ **問６** 二つの金属の接触面に十分な厚さの油膜が形成されている状態を境界潤滑と言っている。

□□ **問７** ギヤにかかる負荷が高くなる場合には，潤滑油として低粘度のものを使用する。

□□ **問８** ゴミの入りやすい場所において，密封を十分にする必要のある場合には，潤滑油よりもグリースを用いることが望ましい。

□□ **問９** 始業時における潤滑点検では，通常は，目視，聴覚，手触りなどで判断できることを実施する。

□□ **問10** 二硫化モリブデングリースは，一般に超低温用に用いられる。

□□ **問11** 密封装置に使われるシールには，固定用と運動用がある。

□□ **問12** 固定用シールには，グランドパッキン，メカニカルシールがある。

1 実戦問題の解答と解説

問1 ×　解説　キーの長さは，特に指定されたもの以外は，軸径の1.5倍とします。

問2 ×　解説　モンキーレンチは，下あご（調節部分）が，正しい使い方をしてもずれやすく，ボルトの目をつぶしやすい上に，小径のボルトには規定以上の力がかかりやすいので，非常用の工具と考えておくことが望ましいものです。

問3 ○　解説　記述の通りです。ボルトをスパナで締め付ける場合に，M6以下のボルトでは，手首の力程度のレベルで締めます。

問4 ○　解説　ナットがゆるみ方向に回転する場合には，衝撃的な外力が加わって緩んだと考えられます。

問5 ○　解説　ねじのリードは，ねじの条数とピッチの積に一致します。

問6 ×　解説　二つの金属の接触面に十分な厚さの油膜が形成されている状態は，境界潤滑ではなくて，流体潤滑といいます。

問7 ×　解説　高い負荷の場合ほど，高粘度の潤滑油を用います。

問8 ○　解説　ゴミの入りやすい場所において，密封を十分にする必要のある場合には，潤滑油よりもグリースのほうが密着性に優れていますので，好ましいでしょう。

問9 ○　解説　始業時における潤滑点検では，通常は，目視，聴覚，手触りなどで判断できること（異音，振動，発熱他）を実施します。

問10 ×　解説　二硫化モリブデングリースは，高温用として用いられます。

問11 ○　解説　密封装置に使われるシールには，固定用と運動用があります。

問12 ×　解説　グランドパッキン，メカニカルシールは運動用シールです。

第2節 空圧および油圧

学習ポイント

・空圧や油圧の長所短所は何で，大事なところはどんなところだろう。

試験によく出る重要事項

2-1　パスカルの原理(流体のどの部分にも同じ圧力が加わる)

重要度★☆☆

油圧装置や空気圧装置は，**パスカルの原理**を応用したものである。
パスカルの原理とは「密封した容器内に静止している流体の一部に加えた圧力は，流体のどの部分にも同じ強さで伝わる」というもの。

たとえば図のように流体で満たされた，断面積a，bのU字管の左右のピストンA，Bの重さがX，Y，流体の圧力がPであるとき，次式が成り立つ。

$$\mathrm{P}=\frac{X}{a}=\frac{Y}{b}$$

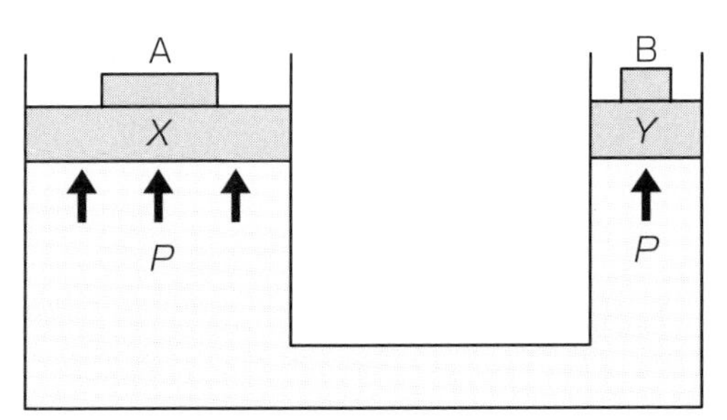

パスカルの原理

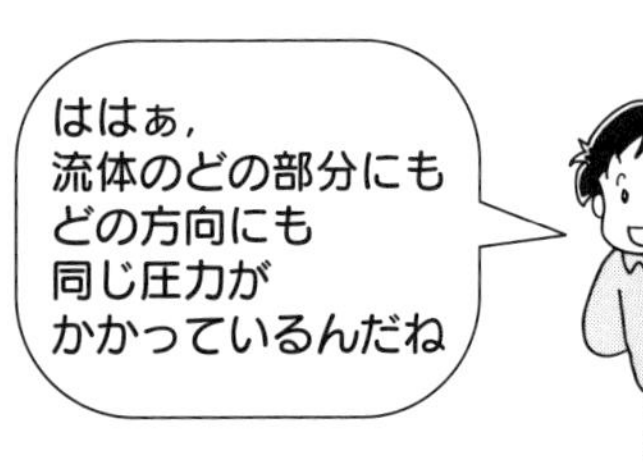

2-2　空圧（流体のどの部分にも同じ圧力が加わる）

重要度★☆☆

1 空圧（空気圧）の長所

① 通常圧縮機を動力源として，使いやすく，小型・軽量で，低コスト，配管施工が容易。
② 空気タンクによりエネルギー蓄積が容易，高速での稼働も可能。
③ 装置が比較的単純，制御回路も簡単に構成できて，保守も容易。
④ 機械装置の速度が流量制御弁で任意に決められ，駆動力も圧力制御弁で容易に調整できる。
⑤ 直線運動も回転運動も，いずれにも対応可能。
⑥ 油圧に比して低圧なので，安全性が高く，人への危険性が少ない。
（一般に 6 ～7kg/cm^2 程度で用い，上限でも12～14kg/cm^2 程度）
⑦ 油圧の油管理のような作業が不要で，汚れることもない。
⑧ 油圧のような循環配管が不要で，配管設備費も安い。
⑨ 火災の危険性も少ない。
⑩ 過負荷防止装置が不要。
⑪ 短時間の高速作動や停電時の緊急作業が可能。
⑫ 許容温度範囲が，－40～200℃と広い。
⑬ 空気の粘性が低いので，圧力損失が小さい。

2 空圧の短所

① 空気は，気体のため，圧縮や膨張があり，精密な速度制御は（油圧に比して）困難。
② 空気圧の排出音（排気音）が大きい。
③ 圧縮機を使うため，エネルギー効率が（油圧に比して）低い。
④ 油圧ほど大きな力が得られない。
⑤ 排気のオイルミストが環境を汚すおそれがある。
⑥ 空気使用機器では清浄な乾燥空気を必要とするので，圧縮・冷却・膨張の過程で，防錆対策やドレン（たまり水）処理が必要。
⑦ 空気には潤滑作用がないので，潤滑対策が必要。

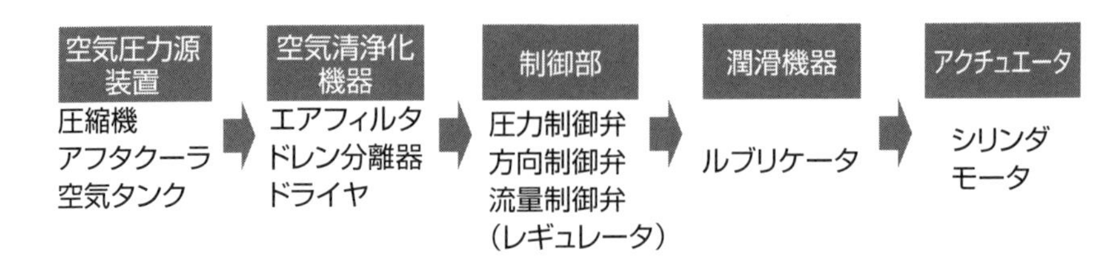

空気圧装置の構成

3 空気圧調整ユニット（3点セット）

エアフィルタ　⇒　レギュレータ　⇒　ルブリケータ

4 空気圧力源装置

圧縮機		気体を圧縮し，高圧化，液化して吐出する。圧縮された空気を**圧縮空気**（圧気）という。
圧縮機方式	ターボ式	羽根車の高速回転により圧縮。大容量・大型に適する。
	スクリュー式	互いに噛(か)み合うロータ（回転子）の高速回転で圧縮。
	往復式	ピストンの往復運動でシリンダ容積を変化させて圧縮。
アフタークーラ	圧縮機が吐き出す圧縮空気を冷却し，圧縮空気の水分を除去。	
空気タンク	圧縮空気を貯めておく装置。一時的に多量の空気が使われる場合などの急激な圧力降下を防いだり，停電で圧縮機が停止した場合などに空気圧を供給したりする。大きいものほど圧力変動が小さくなる。エアタンクともいう。	

5 空気清浄化機器

空気圧フィルタ	圧縮空気をろ過。ろ過器の目詰まり管理や溜まったドレン量の管理が重要。エアフィルタともいう。
ドレン分離器	圧縮空気中のドレンを自動的に排出。ドレンセパレータともいう。
エアドライヤ	圧縮空気に含まれる水分を取り除き，乾燥空気とする。

6 潤滑機器

ルブリケータ（油補給器，オイラ）	潤滑油を霧状（ミスト状）にして圧縮空気の流れに自動的に送り込む。ルブリケータの滴下量は，シリンダが数回作動するごとに1滴落ちる程度とする。

7 制御機器

<table>
<tr><td>圧力調整弁</td><td colspan="2">空気圧回路内の圧力を一定に保持，また回路内の最高圧力を制限する弁。レギュレータともいう。</td></tr>
<tr><td rowspan="2">その形式</td><td>リリーフ弁</td><td>一次圧力が上昇し設定値に達すると，自動排気して圧を下げる。弁体が弁座に対し垂直に移動するポペット式と，ゴムなどの弾力性のあるダイヤフラムで流路を開閉するダイヤフラム式がある。
　空気タンクに取り付ける。安全弁ともいう。</td></tr>
<tr><td>減圧弁</td><td>回路内の圧が高すぎる時に減圧して圧を一定に保つ弁。入口（一次）側の空気を調節し，出口（二次）側圧力を自動調圧する。使用空気圧範囲は，上限の3～8割以内。入口側の圧変動や出口側の空気使用量変動があっても，設定圧の変動を抑える直動形と，パイロット機構を備えて出口側の圧変化に敏感に対応するパイロット形とがある。</td></tr>
<tr><td>方向制御弁</td><td colspan="2">アクチュエータの始動・停止や運動方向などを制御するため，空気圧回路の空気の流れ方向を切り換える弁。操作方法には，電磁式，機械式，手動式などがある。</td></tr>
<tr><td rowspan="2">その形式</td><td>電磁弁（ソレノイドバルブ）</td><td>電磁石（ソレノイド）の力を利用し電源のオンオフにより空気の流れ方向の切り換えを行う弁。直流ソレノイドは，交流ソレノイドに比してコイルの焼損が起きにくい。</td></tr>
<tr><td>急速排気弁</td><td>切換弁とアクチュエータの間に設けられ，アクチュエータから排気を急速に行う弁。シリンダの速度を高める。</td></tr>
<tr><td>流量制御弁</td><td colspan="2">空気圧回路に流れる空気量を調整し，モータやシリンダなどの速度を制御する弁。</td></tr>
<tr><td rowspan="2">その形式</td><td>絞り弁</td><td>弁の開度を調節ねじで調整し，流路抵抗を変化させ流量を制御する。ニードル弁（針状の弁）が最も多く用いられる。</td></tr>
<tr><td>速度制御弁</td><td>絞り弁と逆止め弁を並列に組み合わせて一体としたもの。アクチュエータの速度制御に用いる。
　スピードコントローラともいう。</td></tr>
</table>

8 空気圧アクチュエータ（空気圧を機械力に変換）

空気圧シリンダ	空気圧のエネルギーを直線往復運動に変換。エアシリンダともいう。
空気圧モータ	空気圧のエネルギーを回転運動に変換。空気圧を利用してモータを回転させる。空気圧が大きくなれば回転数が増加するが，出入口の圧力損失のためトルクは低下する。 エアモータともいう。

9 空気圧アクセサリ

消音器	排気口から排気される空気の膨張に伴う破裂音を防ぐ。サイレンサともいう。排気中不純物の除去もするので，全ての方向制御器に取り付ける。
空油変換器	空気圧を油圧に変換。低速で円滑な作動に用いられる。
増圧器	一次側圧力を高圧の二次側に変換。面積の異なる2個のピストンが個別に作動し，元圧の1.5倍程度に圧を高める。

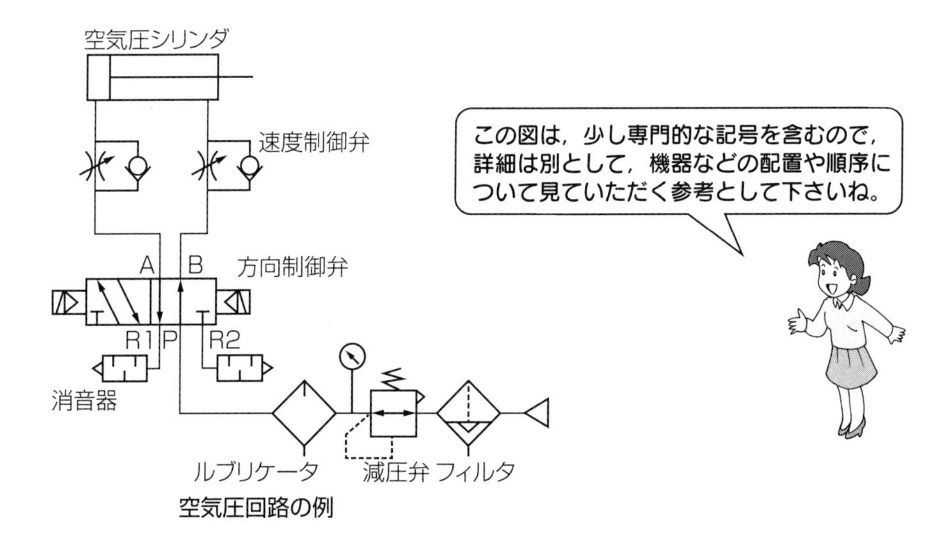

空気圧回路の例

2-3　油圧　重要度★★☆

1 油圧装置の構成

油圧ポンプ	油圧タンクの油を吸い込んで加圧し，回路に送り出す。通常は電動機で駆動され，定容量形と可変容量形とがある。
油圧バルブ	圧力・流量・方向などの制御を行う。 油圧制御弁ともいう。
油圧タンク	油を貯蔵するタンク。回路に油を供給し，戻ってくる油を受け取る。油タンクともいう。
油圧アクチュエータ	油圧のエネルギーを機械的エネルギーに変換。 油圧シリンダや油圧モータがある。
油圧アクセサリ	配管・継手・圧力計・フィルタなどの補助的機器。

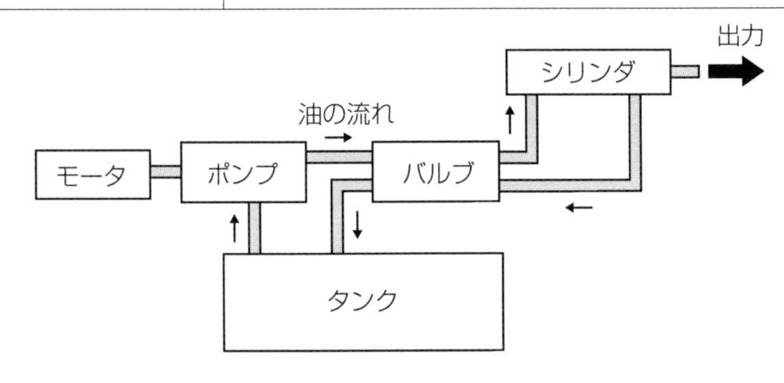

油圧装置の概略図

2 油圧装置の特徴

長所	① 非圧縮性のため，正確な伝達が可能。 ② 小型のポンプで大きな出力が出せる。 ③ 振動が少なく，作動が円滑。 ④ 耐久性がある。 ⑤ エネルギーの蓄積が，アキュムレータで可能。
短所	① 油漏れのおそれがある。 ② 配管が面倒（戻り配管もある）。 ③ 整備に高度な技術が必要。

3 油圧ポンプの種類

<table>
<tr><td colspan="2">ベーンポンプ</td><td>ロータ（回転子）内に，ケーシングに内接するベーン（羽根）を持ち，ベーン間の空間に吸い込んだ液体を吐き出し側に送り出す構造。軽量小型，比較的構造が簡単で効率もよい。ギヤポンプやピストンポンプより脈動率が低い。ベーンの先端が多少摩耗しても漏れの原因になるすき間が発生しない。</td></tr>
<tr><td rowspan="2">その形式</td><td>定容量形</td><td>吐き出し量が回転数に比例する。</td></tr>
<tr><td>可変容量形</td><td>ロータとリングの偏心量を変えることで吐き出し量を変える。</td></tr>
<tr><td colspan="2">ピストンポンプ</td><td>シリンダ内のピストン往復運動によりシリンダ内の容積を変えることで吸液・排液。ベーンポンプやギヤポンプよりも構造が複雑だが，高圧が出せて効率がよい。脈動により騒音や振動源になりやすい。ラジアル形とアキシアル形がある。プランジャポンプともいう。</td></tr>
<tr><td colspan="2">ギヤポンプ</td><td>他のポンプに比して構造が簡単で部品点数も少なく，安価で耐久性に優れ，ゴミにも強い。
歯車ポンプともいう。</td></tr>
</table>

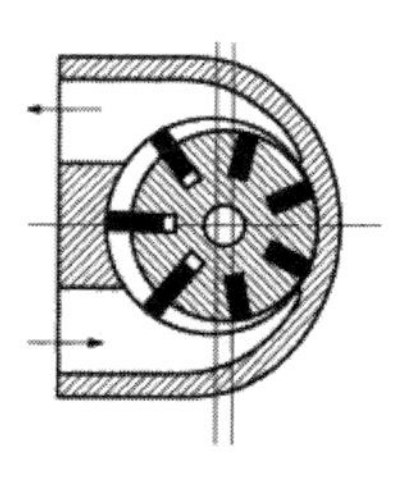

ベーンポンプ

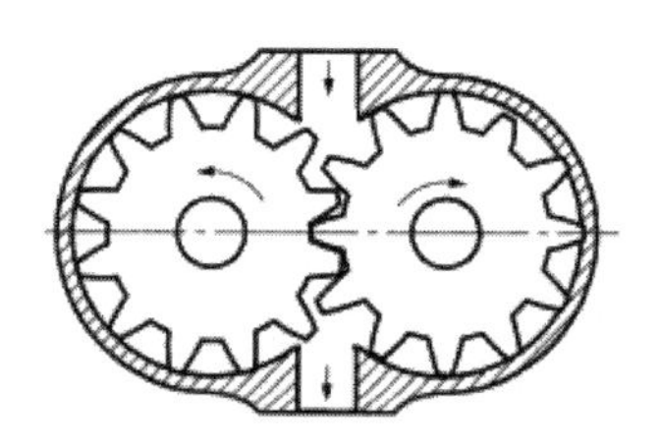

ギヤポンプ

4 油圧バルブ

リリーフ弁 (逃し弁，安全弁とも)		回路内圧力が設定値に達すると自動的に一部または全部の油を排出し，圧を下げる。弁を開き始める圧力を**クラッキング圧力**といい，この設定が高い時，**チャタリング**（作動不完全で，弁が弁座をたたく振動現象）が起きる。
その形式	直動形	圧力が弁に作用して弁を開ける形。構造が簡単で比較的小型。圧力制御精度が低く，チャタリングが起きやすい。低圧小容量向け。
	パイロット形	余剰油を逃がすバランスピストン部と，圧を調整するパイロット部からなる。圧力制御精度は高い。バランスピストン形ともいう。
減圧弁		回路内の圧が高すぎる時に減圧して圧を一定に保つ。入口（一次）側より出口（二次）側の圧を低くする。圧逃がしのためにドレンは外部ドレン方式。
シーケンス弁		別々に作動する二つの油圧シリンダの一方の作動が終われば，他方の油圧シリンダを作動させる場合に用いる。直動形とパイロット形があり，ドレンは外部ドレン方式。
カウンタバランス弁		シリンダなどの自重落下を防いだり，降下の速度を一定に保ったりする。ドレンは内部ドレン方式。
アンロード弁		回路内の圧が設定を超えると，自動的に圧油をタンクに戻して圧を下げて，ポンプを無負荷状態にして動力を節約。二次側回路が必ずタンクに接続される。ドレンは内部ドレン方式。

5 流量制御弁

絞り弁		弁内の絞り抵抗で流量を制御。
その形式	ニードル弁	針（ニードル）と針孔の相対位置変化で制御。
	スプール弁	スプール（可動部品）の位置によって制御。
流量調整弁		圧変動があっても定流量になるようバランスピストンを備える。圧力補償付き流量調整弁ともいう。
デセラレーション弁		カム操作*などによって流量を徐々に減少させる弁。機械操作可変絞り弁ともいう。

＊カムとは，運動方向を変えるもの。

6 方向制御弁

電磁弁	電磁石（ソレノイド）の力を利用して電源のオンオフにより油の流れ方向の切り換えを行う。直流ソレノイドと交流ソレノイドがある。
逆止め弁	油を一方向にだけ自由に流し，逆流は阻止する。ばねでポペット（可動部品）を閉じて流れを阻止。回路内の圧が設定に達すると油をタンクに逃がす機能あり。チェック弁ともいう。
パイロットチェック弁	通常は油を一方向にだけ自由に流すが，必要に応じて外部からのパイロット圧力により逆流を可能にする。

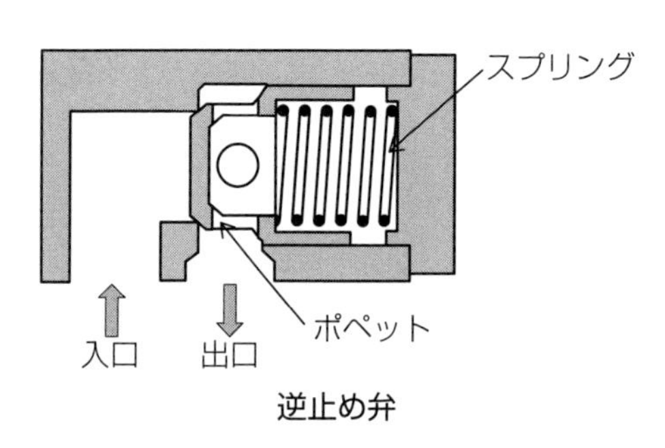

逆止め弁

7 油圧アクチュエータ

油圧シリンダ		油圧のエネルギーを直線往復運動に変換。シリンダ内を往復するピストン，および，ピストンの運動をシリンダの外部に伝えるピストンロッドなどから構成される。
その形式	単動形	油の出入口がシリンダの片側にあり，シリンダは油圧の力で伸ばし，ばねの力で戻るもの。
	複動形	油の出入口がシリンダの両側にあり，伸び縮みがともに油圧の力によるもの。
油圧モータ		油圧のエネルギーを回転運動に変換。供給する油の圧力を制御することにより出力トルクや油圧モータ速度を制御。
その形式	ベーン形	ロータ内にあるベーン（羽根）の間に流入した油によりロータが回転する。
	ピストン形	油圧がピストン端面に作用し，その圧によりモータ軸が回転。
	ギヤ形	流入した油によりケーシング内で噛み合う 2 個以上のギヤが回転。

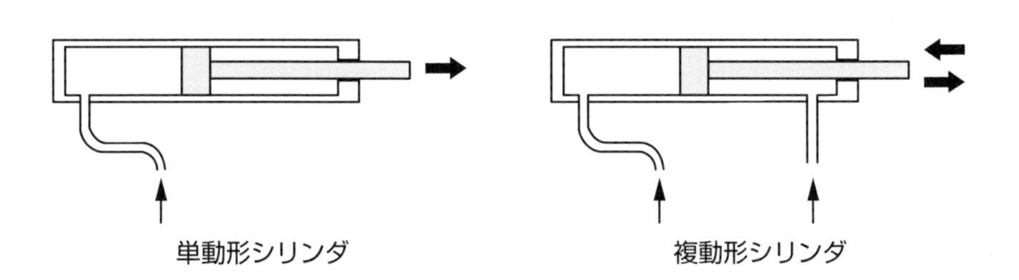

8 油圧アクセサリ

アキュムレータ	油の圧力を蓄えておき，必要に応じてエネルギーを放出。油が漏れた場合に補充したり，停電などの際に，緊急油圧源となったりする。エネルギー蓄積を目的とする場合の封入ガス圧は，最低作動圧の60～90％が一般的。 蓄圧器ともいう。
エアブリーザ	フィルタの一種。タンクに流入する空気をろ過し，作動油へのゴミなどの混入を防ぐ。
ストレーナ	フィルタの一種。圧油の中に混入する不純物をろ過。メッシュ数が小さいほど，ポンプ入口の圧低下が大きくなり，キャビテーション（液体の運動により液が局部的に低圧となって気泡を生じる現象，気液混相は望ましくない状態）が起きやすくなる。

9 油圧装置の基本回路

圧力制御回路	油圧を制御する回路
速度制御回路	アクチュエータの速度を制御する回路
ロッキング回路	切換弁やパイロットチェック弁を用い油圧アクチュエータを任意の位置に固定し，動き出さないようにする回路

10 圧力制御回路

無負荷回路	圧力アクチュエータが作動していない時に，油圧ポンプを無負荷状態にして動力損失を少なくし，油温の上昇を防いで油圧ポンプの寿命を延ばすための回路。 アンロード回路ともいう。
シーケンス回路	複数の油圧アクチュエータを順次作動させる場合に用いる回路。順次動作回路ともいう。
圧力調整回路	主回路の圧とは別に回路の一部を減圧することにより，あらかじめ設定された圧に調整する回路。
アキュムレータ回路	アキュムレータを使用して圧を保持することで，動力を節約したり，急激な圧力変動を吸収したりする。
二圧回路	ポンプ吐き出し圧を高圧・低圧と変化させる必要のある場合に用いられる。

11 速度制御回路

メータイン回路	流量制御弁が油圧アクチュエータの入口側にある回路。シリンダへの流入量を調整して速度を制御する。シリンダ内に正の負荷が作用する場合や，シリンダの急加速を防ぐ場合に用いる。
メータアウト回路	流量制御弁が油圧アクチュエータの出口側にある回路。シリンダからの流出量を調節して速度を制御する。負荷変動が大きい箇所や，ロッドの運動方向と同じ方向に作用する負荷に適する。
ブリードオフ回路	油圧ポンプからアクチュエータに流れる流量の一部をタンクにバイパスして，速度を制御。無駄な消費動力が小さく回路効率がよい。負荷変動が大きい場合，正確な速度制御が困難。
同期回路	複数のシリンダや油圧ポンプを同時に同速度で作動させたい場合に用いる。同調回路ともいう。
差動回路	シリンダの両側のポートに同時に圧油を送り込む。ポンプから送られる量で得られるシリンダ速度よりも大きい速度を必要とする場合に用いる。

2 実戦問題

以下の問題文が正しければ，○を，誤っていれば×をマークしなさい。

□ □ **問1** 空圧装置と油圧装置を比べた場合，空気圧は油圧に比して高い圧力で使用される。

□ □ **問2** 空気圧装置のサイレンサは，全ての方向制御器に取り付ける。

□ □ **問3** 空気圧調整ユニットは，3点セットともいわれ，その最上流にあるものは，エアフィルタである。

□ □ **問4** 空気圧装置は，油圧装置に比して，一般に速度制御が難しい。

□ □ **問5** 油圧バルブの一つであるリリーフ弁は，流量制御弁に属する。

□ □ **問6** 油圧装置においてアクチュエータの速度を制御するために，流量制御弁が用いられる。

□ □ **問7** 油圧装置において基本回路と呼ばれるものは，圧力制御回路，速度制御回路，および，メータアウト回路である。

□ □ **問8** 油圧ポンプの起動時に，異常音が発生した場合，ストレーナの目詰まりの可能性がある。

□ □ **問9** 油圧装置において，密閉された容器内部の一部に加えられた圧力は，油の各部に同じ強さで伝えられる。

□ □ **問10** 切換弁などを用いて，油圧アクチュエータを任意の位置に固定し，動き出さないようにする回路は，速度調整回路になる。

2 実戦問題の解答と解説

問1 ×　(解説) 空圧装置と油圧装置を比べた場合，空気圧は油圧に比して低い圧力で使用されます。

問2 ○　(解説) サイレンサは，消音器ともいわれ，排気中不純物の除去もするので，全ての方向制御器に取り付けます。

問3 ○　(解説) 空気圧調整ユニットは，３点セットともいわれ，エアフィルタ，レギュレータ，ルブリケータの順に並んでいます。

問4 ○　(解説) 記述の通りです。空気圧装置は，油圧装置に比して，一般に速度制御が難しくなっています。

問5 ×　(解説) 油圧バルブの一つであるリリーフ弁は，流量制御弁ではなくて，圧力制御弁に属します。

問6 ○　(解説) 油圧装置においてアクチュエータの速度を制御するためには，流量制御弁が用いられます。

問7 ×　(解説) 油圧装置において基本回路と呼ばれるものは，圧力制御回路，速度制御回路，および，ロッキング回路です。

問8 ○　(解説) 油圧ポンプの起動時に，異常音が発生した場合，ストレーナの目詰まりの可能性があります。

問9 ○　(解説) 記述の通りです。パスカルの原理のことで，密閉された容器内部の一部に加えられた圧力は，油の各部に同じ強さで伝えられます。

問10 ×　(解説) 切換弁などを用いて，油圧アクチュエータを任意の位置に固定し，動き出さないようにする回路は，ロッキング回路です。

第3節 駆動および伝達

学習ポイント

・機械エネルギーの駆動や伝達はどのようにして行われるのだろう。
・軸や軸受，軸継手の機能は，どのようなことになっているのだろう。

試験によく出る重要事項

1 駆動・伝達の流れ図　重要度★★☆

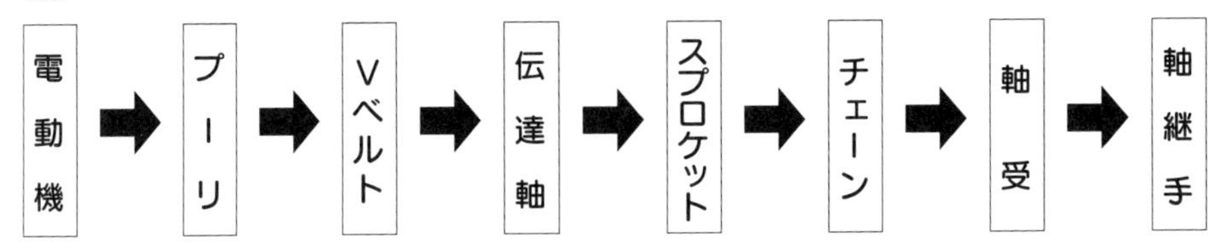

2 駆動・伝達各部の機能とチェックポイント

各部	機能	チェックポイント
電動機 （モータ）	電気エネルギーの回転エネルギーへの変換	過熱（ケーシング表面60℃以下），異臭，異音，振動
プーリ	回転エネルギーの伝達	きず，摩耗，芯ずれ
Vベルト	回転エネルギーの伝達	油汚れ，芯ずれ，摩耗，劣化，安全カバー状態，伸び，ひび・亀裂
軸（伝達軸）	回転エネルギーの伝達	曲がり，がた，偏心，キーはめ合い，ボルトのゆるみ，振動，異音
スプロケット	回転数の変換 （奇数歯が望ましい）	取付のがた，異音，異臭，摩耗，過熱，振動，油量，キー溝の摩耗
チェーン	回転エネルギーの伝達	伸び，芯ずれ，摩耗，安全カバー状態，油切れ
軸受	伝達軸のささえ	発熱，がた，偏心，油切れ，振動，異音，異臭
軸継手	伝達軸の連結	芯ずれ，がた，給油，安全カバー状態

3 電動機の種類

電源	名称	主たる用途
直流	他励電動機 分巻電動機	精密にして広範囲の速度や張力の制御を要するもの。圧延機など。
	直巻電動機	大きな始動トルクを要するもの。クレーン，電車など。
	複巻電動機	大きな始動トルクを要し，かつ速度があまり変動しないもの。粉砕機，切断機，コンベアなど。
交流	かご形三相誘導電動機	ほぼ定速のもの。ポンプ，ブロワ，工作機械など。
	巻線形三相誘導電動機	大きな始動トルクを要するもの。速度を制御するもの。クレーンなど。
	単相誘導電動機	小容量のもの。家庭電気品など。
	整流子電動機	広範囲の速度制御を要する小容量のもの。電気掃除機，電気ドリルなど。
	同期電動機	速度不変で大容量のもの。コンプレッサ，送風機，圧延機など。

4 方向による軸受の分類

ラジアル軸受	軸に垂直にかかる荷重（ラジアル荷重）を支える軸受
スラスト軸受	軸に平行にかかる荷重（スラスト荷重）を支える軸受

5 構造による軸受の分類

転(ころ)がり軸受	転動体（玉やころ）を2つの部品の間に置くことで荷重を支持する軸受で，部品どうしの相対的動きにより，転動体は非常に小さな転がり抵抗で自転し，同時に若干すべるように動く。 この転動体の種類によって**玉軸受**と**ころ軸受**に大別される。 摩擦抵抗が低く，摩耗も小さくてすむため，潤滑・保守・互換性にすぐれる。 ラジアル荷重とスラスト荷重を1個の軸受で受けることができる。 軸受すき間に，C2，CN，C3，C4，C5の規格があり，このうちC5が最も大きく，CNが標準。
滑(すべ)り軸受	滑り面で軸を受ける軸受。潤滑油（グリース）を供給し，その油膜で，軸と軸受の接触，凝着を防ぐ。 線または面で接触するので，伝達トルクが大きく，軸受への荷重が大きい場所に適す。 衝撃荷重にも強く，比較的低速向きであるが，静かな運転で長寿命。精度を出すこともでき，摩耗した場合にも修理は容易であるが，使用環境の温度や潤滑不良による損傷には注意が必要である。 高速，高荷重，衝撃荷重のものなどタービンや圧延機などの大型装置に用いられる。

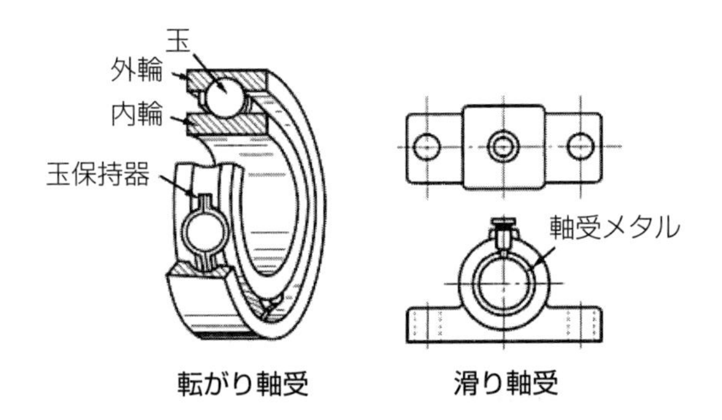

6 歯車の種類（歯車による伝動は，二軸間の距離が比較的短い時，二軸の速度比が一定であることを必要とする時，伝達動力が大きい時，回転が比較的遅い時などに用いられます。）

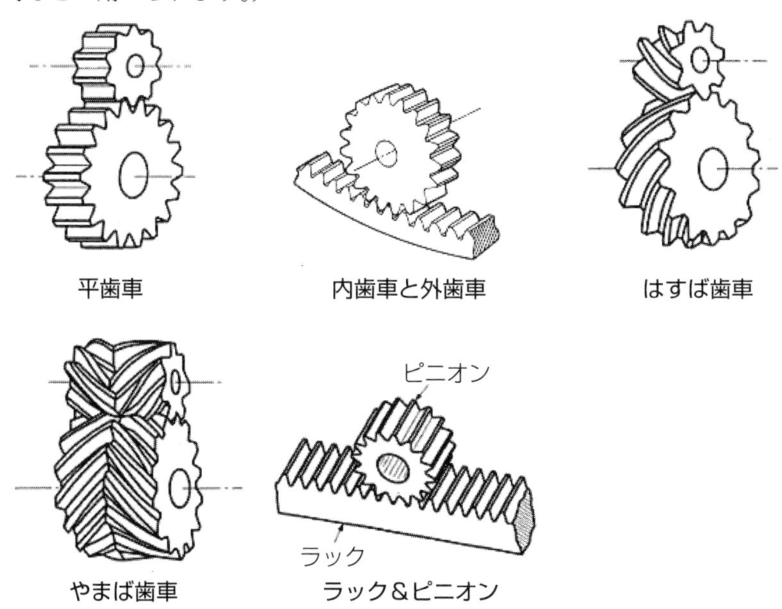

平歯車　内歯車と外歯車　はすば歯車

やまば歯車　ラック＆ピニオン

歯車の製作誤差や変形などのずれを吸収する遊びをバックラッシというんだね

7 歯車の歯形

インボリュート歯形	インボリュート曲線の歯形。製作しやすく互換性も高い。動力伝達用に多く用いる
サイクロイド歯形	サイクロイド曲線の歯形。噛み合いに精度が必要で政策は困難だが，回転がスムーズで歯面の摩耗が少なく，騒音も低い。時計や特殊な計器に用いる

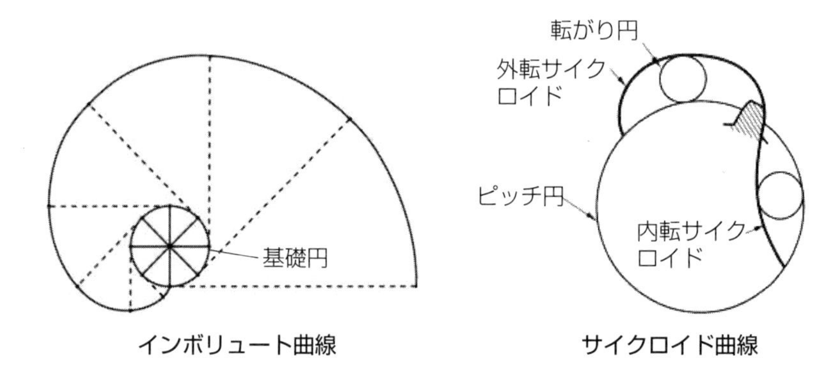

インボリュート曲線　　サイクロイド曲線

インボリュートは円に巻いた糸を開いていく形で
サイクロイドは小さな円が大きな円の内外の周りを
回転する時の形なんだね

8 Vベルト（ベルト断面がVの形）

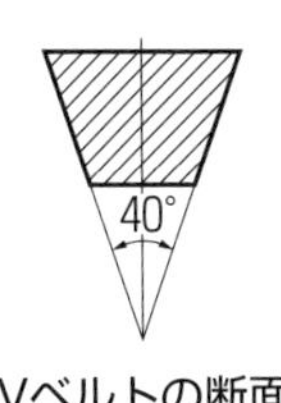

Vベルトの断面

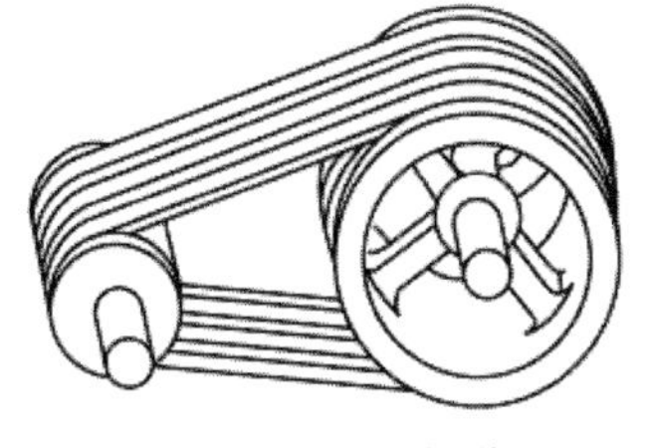

Vベルト伝動

9 チェーンの種類（通常は，軸間距離が 4 m以下，潤滑油を使用）

ローラチェーン	ローラーとその回転中心となるピンおよびローラーリンクプレート，ピンリングプレートとローラーブッシュから構成される。主にカムシャフト駆動に用い，伝達効率が高く，幅も小さくできるメリットがあるが，摩耗や伸びによる騒音が増大
サイレントチェーン	鎖の個々のリンクを二個のつめのあるコの字形に作り，互いをピンでつなぎ合わせたもの。ピッチが細かいことに加え，ピンと別の場所にスプロケットとかみ合う“歯”を作り，チェーンとスプロケットがギヤのように次第に接触していくため「衝突」するローラチェーンより静かになる。近年はローラチェーンより多く採用される

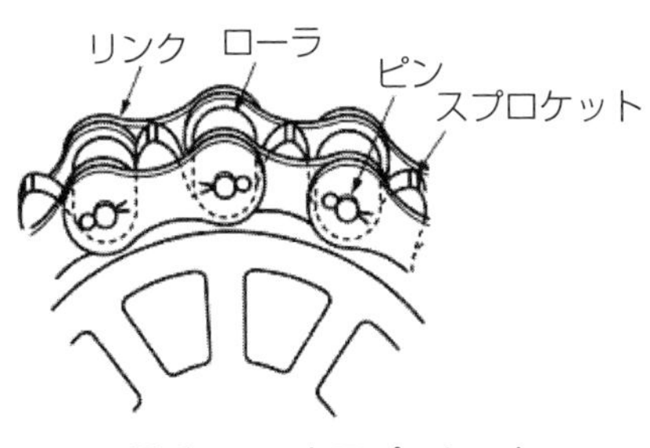

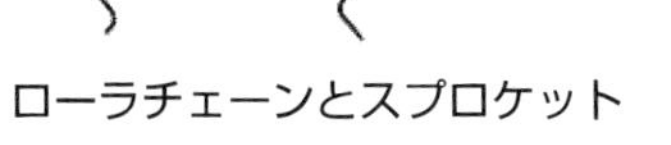

ローラチェーンとスプロケット

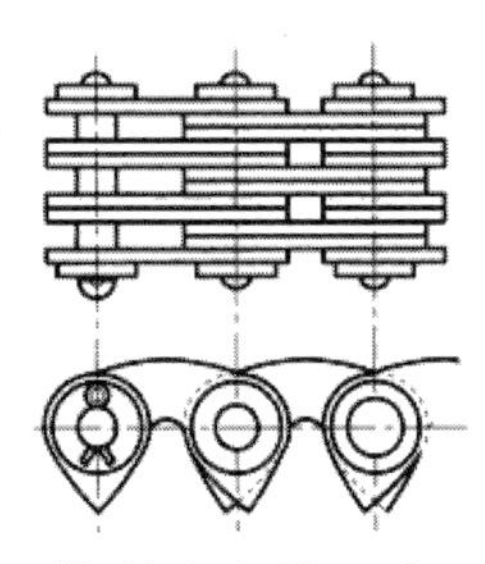

サイレントチェーン

ここは
少しダレる
ところだから
あせらず
頑張って
勉強しよう

3 実戦問題

以下の問題文が正しければ，○を，誤っていれば×をマークしなさい。

□ □ 問1 Vベルトの上面が，プーリの溝より下に下がっていたが，まだ使用できると考えてそのままとした。

□ □ 問2 タービンや圧延機などの大型の軸受に用いられるのは，滑り軸受よりも転がり軸受である。

□ □ 問3 歯車でいうバックラッシとは，歯車が逆回転しやすいようにするための歯車の間の遊びである。

□ □ 問4 チェーン伝動は，滑りがなく，一定の速度比が保たれて伝動ができるものである。

□ □ 問5 チェーン伝動の潤滑に用いられるのはグリースが一般的である。

□ □ 問6 歯車において，二軸が平行で，歯が軸に対してらせん状についているものを，やまば歯車という。

□ □ 問7 ベルトに油がついていなければ，プーリ溝に油があってもスリップの原因とはならない。

□ □ 問8 工作機械で通常使用されている歯車は，サイクロイド歯形のものである。

□ □ 問9 交流電源においては，単相と三相とがあるが，動力電源としては三相だけが用いられる。

□ □ 問10 方向による軸受の分類としては，ラジアル軸受とスラスト軸受とがある。

□ □ 問11 ころがり軸受はすべり軸受より，大荷重の場合の摩耗特性にすぐれる。

3 実戦問題の解答と解説

問1 ×　（解説）Vベルトの上面は，プーリの溝より上に出ている状態で使用します。溝より下になっていれば，Vベルトを交換する必要があります。

問2 ×　（解説）タービンや圧延機などの大型の軸受に用いられるのは，転がり軸受よりも滑り軸受です。

問3 ×　（解説）歯車でいうバックラッシとは，歯車が逆回転のための遊びではありません。歯車の製作誤差や変形などによるずれを吸収するための遊びです。

問4 ○　（解説）チェーン伝動は，滑りがなく，一定の速度比が保たれて伝動ができるものです。

問5 ×　（解説）チェーン伝動の潤滑に用いられるのはグリースではなくて，潤滑油です。

問6 ×　（解説）歯車において，二軸が平行で，歯が軸に対してらせん状についているものは，はすば歯車といいます。

問7 ×　（解説）プーリ溝に油があれば，スリップの原因となります。

問8 ×　（解説）工作機械で通常使用されている歯車は，インボリュート歯形のものです。

問9 ×　（解説）動力電源としての交流電源では，単相も三相も，いずれも用いられます。

問10 ○　（解説）方向による軸受の分類としては，ラジアル軸受とスラスト軸受とがあります。

問11 ×　（解説）大荷重の場合，摩耗特性はころがり軸受より，すべり軸受の方が有利です。

第４節 電気および測定機器関係

学習ポイント

・電気や測定機器関係で気をつけなければならないことは何だろう。

試験によく出る重要事項

４－１　電気関係　重要度★☆☆

1 電気回路

電流を流したり電圧を加えるもとを電源といい，発電機や電池などがあります。導体（電気伝導体）を環状にした電流の通路を電気回路といいます。

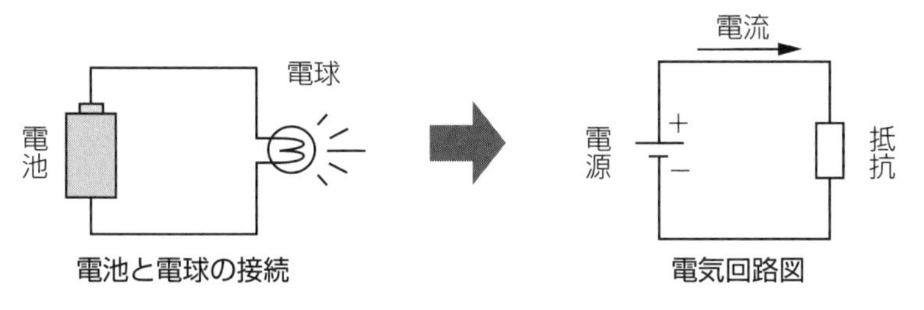

電池と電球の接続　　電気回路図

2 オームの法則

$$\text{電流}\ [\text{A（アンペア）}] = \frac{\text{電圧}\ [\text{V（ボルト）}]}{\text{抵抗}\ [\Omega\text{（オーム）}]}$$

3 電気の種類

直流	電流の向きや大きさ（電圧）が一定な電流。
交流	時間とともに電流の向きや大きさが周期的に変化する電流。

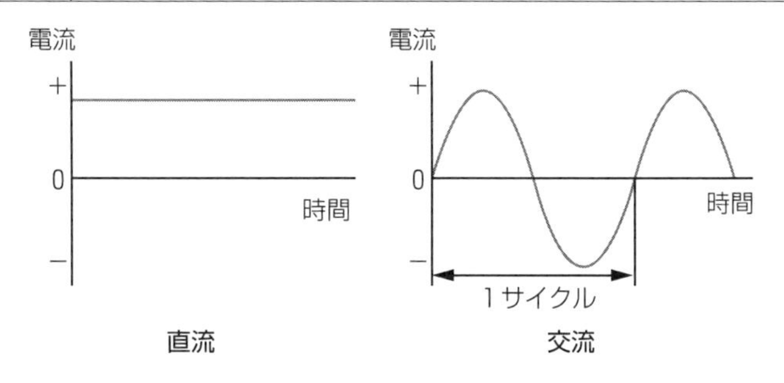

直流　　交流

4 交流の種類（インバータは，周波数と電圧を指示に従って変化させる）

単相交流	2本の電線を用いて交流電流を伝送する方式で，100 Vと200 V。
三相交流	電流または電圧の位相（時間的推移）を互いにずらした3系統の単相交流を組み合わせた交流で高圧電源まである。 　単相に比して電気回路図が複雑になるが，機械的構造などが簡潔になる。

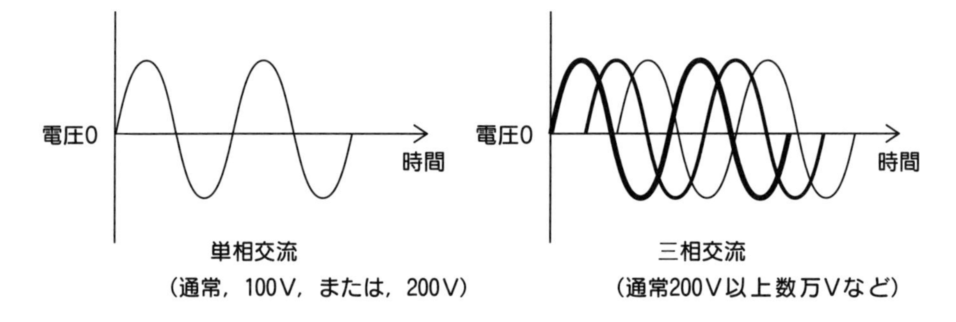

5 接地（アース）の目的

① 感電防止
② 静電気障害の防止
③ 通信障害の抑制
④ 避雷

6 電気関係測定器具

検電器	特定部位が電気を帯びているか否かを判別する機器。
回路計（テスター）	交流の電圧，直流の電流・電圧，抵抗の測定。一部のものでは，交流電流も測定可能。抵抗測定に際しては，始めに抵抗レンジでゼロオームを確認する。

7 電気制御回路

フィードバック回路	制御すべき量を知り目標値との違いを調整する回路。
シーケンス回路	あらかじめ定められた順序で，制御の各段階を進めていく回路。

8 動力制御機器

配線用遮断器 （MCCB，ブレーカ）	低圧回路において，通常の負荷電流をオンオフする他，過電流，短絡電流（ショート）が流れた時に回路を自動的に遮断する装置。
漏電遮断器（ELB）	漏電電流（地絡電流）を検出した時に，回路を自動的に遮断する装置。
電磁開閉器 （マグネットスイッチ）	主にモータの運転操作に用いられ，回路のオンオフや過負荷時の保護の役割を持つ。
熱動形過電流継電器 （サーマルリレー）	過電流によって生じる熱を直接または間接にバイメタル（＝金属貼り付け板，P145参照）に加え，その熱膨張係数の差により湾曲することで接点のオンオフを行う。

9 センサー・スイッチのいろいろ

リミットスイッチ	マイクロスイッチ（接点のわずかな動きでオンオフするスイッチ）を外力・水・油・ほこりなどから保護するためにケースに組み込んだもの。機械的な動きを検知するため，アクチュエータ機構（電気信号などを機械的動作に変換する機能）を持つ。主に位置検出する。
光電スイッチ	センサー部（投光器と受光器）とその信号を受けて制御回路を動作させる機構を持つ。自動ドア・街路灯・テレビのリモコンなどに利用。
近接スイッチ	物体が近づくと，無接触状態で検出するスイッチ。主に位置決めに利用。

4-2　測定機器　重要度★☆☆

1 ノギスの種類（本尺・副尺（バーニャ）で，長さ・直径等を精密に測定）

M形	副尺目盛が19 mmを20等分してあり，最小測定単位 0.05 mm。 最大測定長さ300 mm 以下のものには深さ測定用のデプスバーのあるものもある。
CM形	副尺目盛が49 mm を50等分してあり，最小測定単位0.02 mm

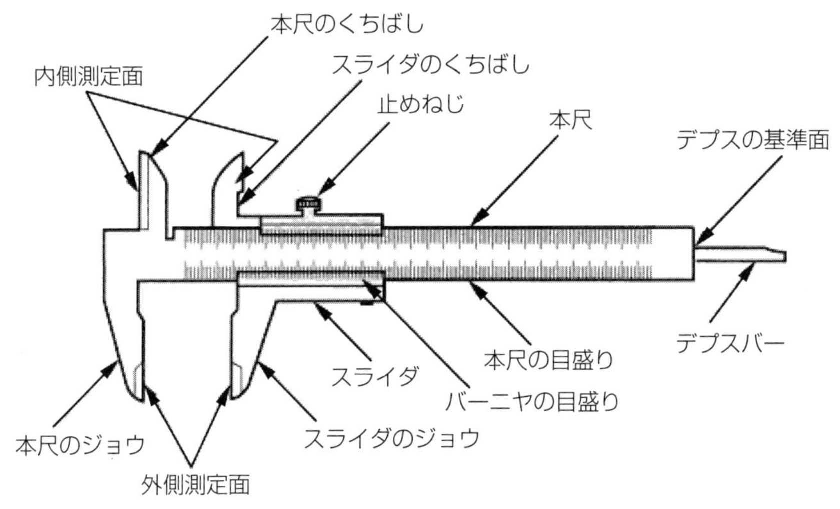

M形ノギス

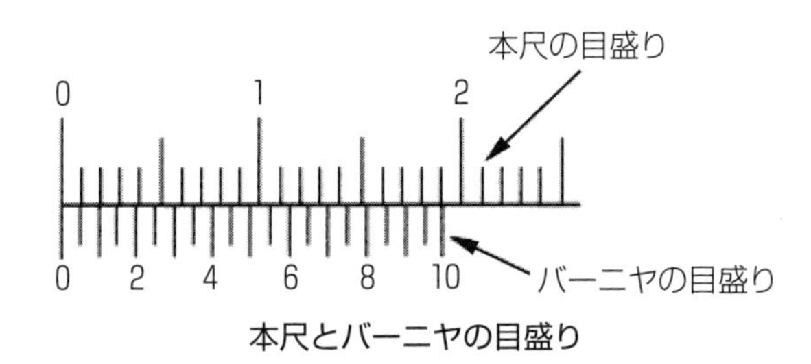

本尺とバーニヤの目盛り

2 マイクロメータの種類（ねじの回転角・移動距離の関係で長さを精密測定）

外側マイクロメータ	図の形のもの。アンビル・スピンドルは密着せず保管。
電気マイクロメータ	接触式測定子の変位を電気的な量に変換して測定。
空気マイクロメータ	空気の流量や圧力の変化から物の寸法を測定。

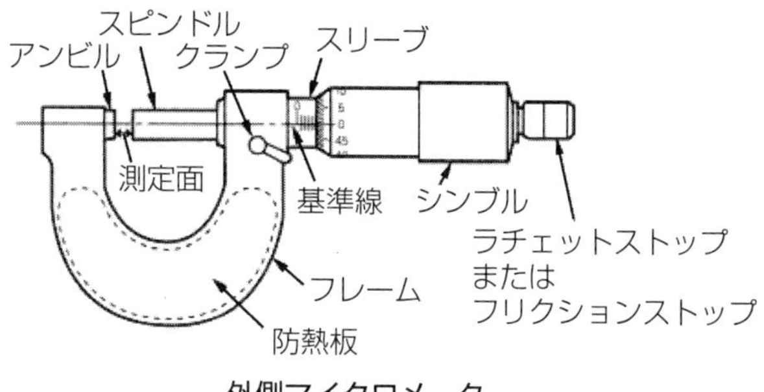

外側マイクロメータ

3 ダイヤルゲージ（測定子のわずかな動きをてこ・歯車で拡大し長さ測定）

スピンドル式	スピンドルの直線運動を利用。汎用的に用いられる。
てこ式	てこの原理を利用。

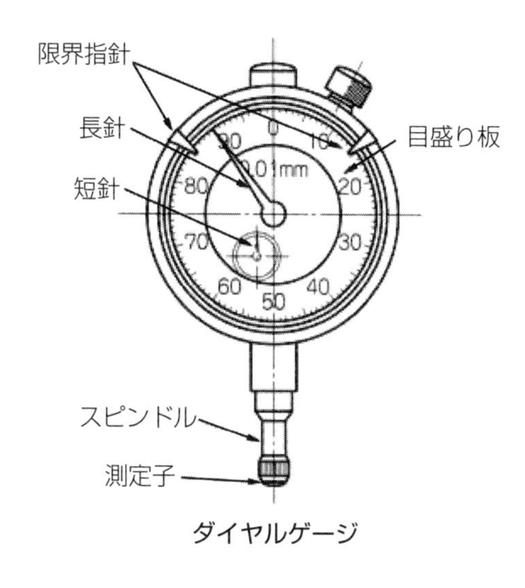

ダイヤルゲージ

4 シリンダゲージ（穴の内径の測定）

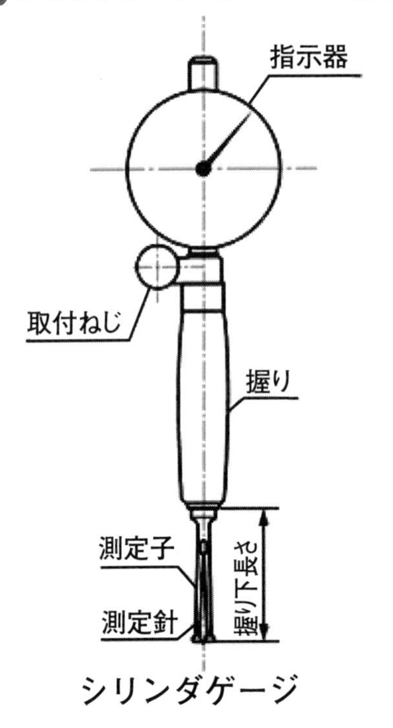

シリンダゲージ

5 すき間ゲージ（製品などのすき間に差し込んですき間寸法を測定）

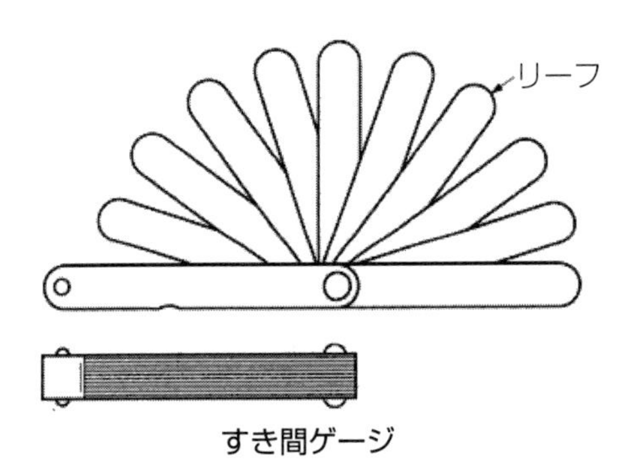

すき間ゲージ

6 水準器（水平面の確認，水平面からの傾斜角測定）

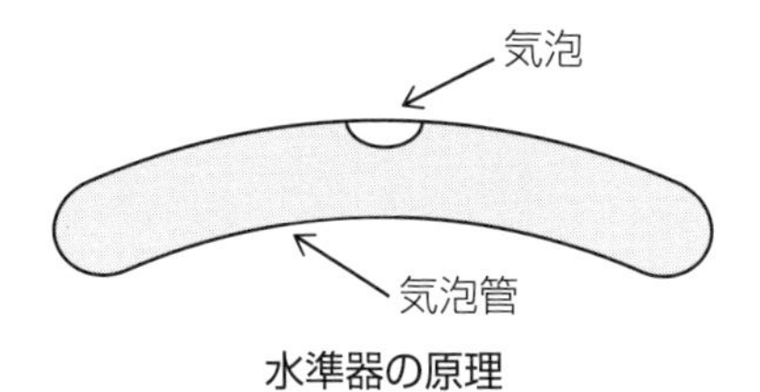

水準器の原理

（1種～3種があり，1種が最も感度高い）

7 温度の単位

摂氏温度（セルシウス温度）単位℃	水の氷点を 0 ℃，沸点を100 ℃とする。
絶対温度（ケルビン温度）単位K	摂氏温度に273.15 ℃を足した数値。

8 温度計の種類

ガラス管温度計	ガラス管に入れた液体の熱膨張を利用。
バイメタル温度計	バイメタル（熱膨張係数の異なる２種の金属を重ねたもの）が温度によって形状が変わることを利用。
サーミスタ温度計	温度上昇でサーミスタ（半導体の一種）の電気抵抗が減少することを利用。
熱電対温度計	異なる２種の金属の両端を接続して回路を作り，接続部を異なる温度にすると電流が流れる現象（ゼーベック効果）を利用。
抵抗温度計	金属の電気抵抗が温度により変わることを利用。
光温度計	物体が高温で出す特定波長の光と，標準ランプの光を比較して物体温度を求める。
放射線温度計	物体が表面から発する放射エネルギーの強度により温度を測定。

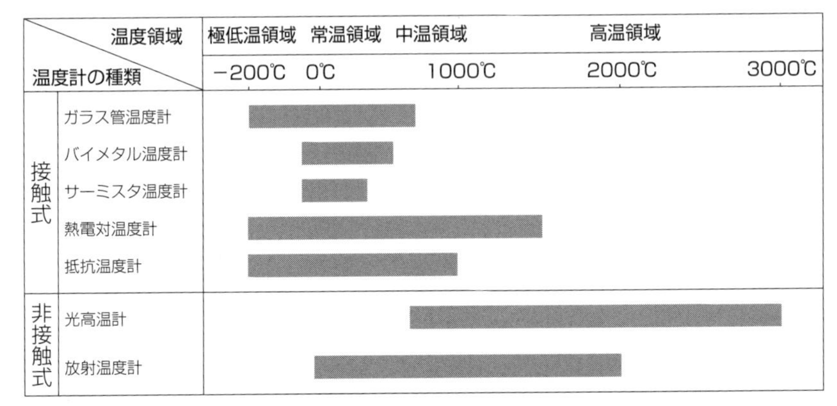

各種温度計と測定領域

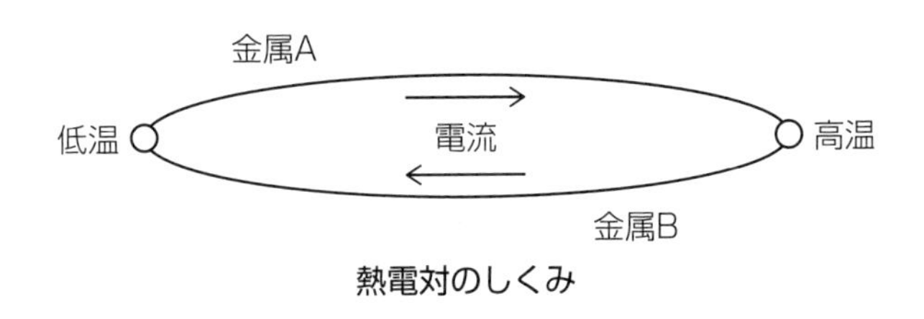

熱電対のしくみ

9 流量計の種類

差圧式流量計（絞り流量計）	管路のある箇所を狭くした絞り機構の前後の差圧が流量の2乗に比例すること（ベルヌーイの定理）を利用。
容積式流量計	流体がケーシング内を流れ，それによる回転子の回転数を測定。
面積式流量計	流体がテーパ管（逆円錐形の管）内を上昇すると流量に応じてフロート（浮き子）が上下して流量を表示。
タービン流量計	流れの中に置かれた羽根車の回転数が流量に比例。
電磁流量計	導電体が磁界内を横切る時，その速さに比例した電圧が誘起されることを利用（ファラデーの電磁誘導の法則）。

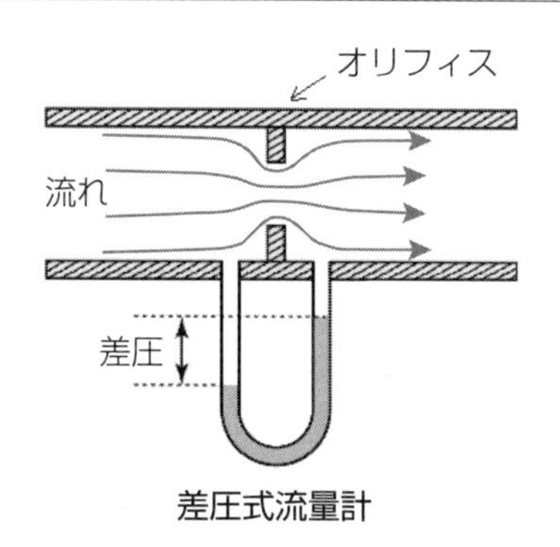

差圧式流量計

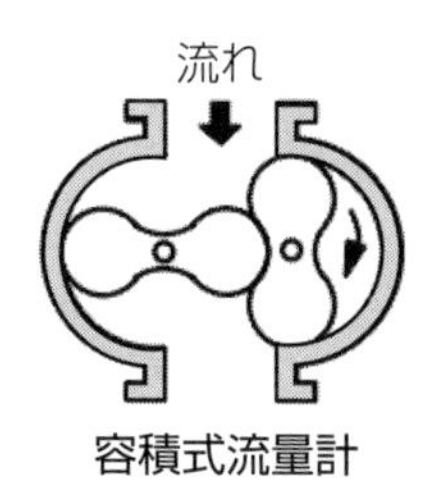

容積式流量計

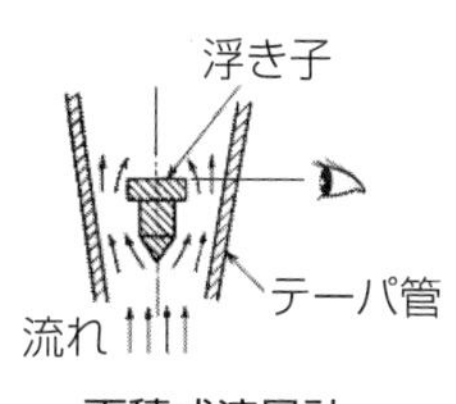

面積式流量計

4 実戦問題

以下の問題文が正しければ，○を，誤っていれば×をマークしなさい。

□ □ **問1** アースすることにより感電の防止対策にはなるが，静電気障害の対策にはならない。

□ □ **問2** 電圧と電流と抵抗の間の関係は，（電流）＝（電圧）×（抵抗）である。

□ □ **問3** モータの点検ポイントにおいて，過熱を判断するのは，ケーシング表面が60℃になっていないかということである。

□ □ **問4** インバータは，周波数と電圧を指示に従って変化させる機器である。

□ □ **問5** 身近な用途としてのセンサーには，自動ドアに使用される近接スイッチが挙げられる。

□ □ **問6** 温度の単位には，摂氏温度と絶対温度とがあり，前者の数値は後者の数値に273.15 ℃を足したものである。

□ □ **問7** 水準器は，液体の内部の気泡が常に最も高い位置にあることを利用する，角度の測定器である。

□ □ **問8** 水準器には，1種から3種までがあるが，その中で，3種が最も精度が高い。

□ □ **問9** 放射温度計は，非接触で測定する温度計である。

□ □ **問10** マイクロメータには，外側マイクロメータ，電気マイクロメータ，空気マイクロメータなどがある。

4 実戦問題の解答と解説

問1 ×　解説 アースすることで，感電の防止対策にも静電気障害の対策にもなります。

問2 ×　解説 電圧と電流と抵抗の間の関係を表すオームの法則は，（電圧）＝（電流）×（抵抗）です。

問3 ○　解説 モータの点検ポイントにおいて，過熱を判断するのは，ケーシング表面が60℃になっていないかということです。

問4 ○　解説 インバータは，周波数と電圧を指示に従って変化させる機器です。

問5 ×　解説 自動ドアに使用されているのは，近接スイッチではなくて，光電スイッチです。

問6 ×　解説 前者（摂氏温度）の数値は後者（絶対温度）の数値から273.15℃を引いたものです。

問7 ○　解説 水準器は，液体の内部の気泡が常に最も高い位置にあることを利用する，角度の測定器です。

問8 ×　解説 水準器には，1種から3種までがありますが，その中で，1種が最も精度が高くなっています。

問9 ○　解説 放射温度計は，非接触で測定する温度計です。

問10 ○　解説 マイクロメータには，外側マイクロメータ，電気マイクロメータ，空気マイクロメータなどがあります。

第5節 機器・工具および使用材料

学習ポイント

・機器・工具にはどんなものがあり，使う材料はどんなものがあるのだろう。

試験によく出る重要事項

5-1　機器・工具　重要度★★☆

1 工作機械の種類

ボール盤	主軸のスピンドルが回転して，ドリル（穴あけ工具）などの切削工具を用いて穴をあける。
旋盤（せんばん）	円筒状・円盤状の工作物を回転させ切削（せっさく）加工を行う。バイトという切削工具を使用。
フライス盤	主軸に取り付けたフライスという切削工具を回転させ，平面，局面，溝，ねじ，歯車などを削り出す。
研削盤（けんさく）	砥石（といし）車（研削砥石）を高速回転させて削り滑らかにする。
放電加工機	工作物と電極の間の放電によって除去加工する。

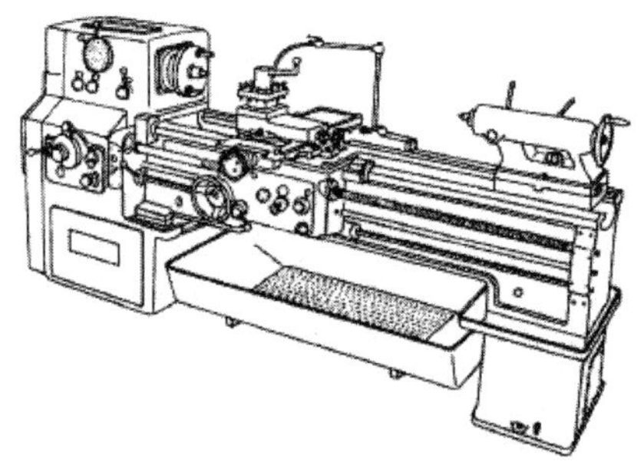

普通旋盤

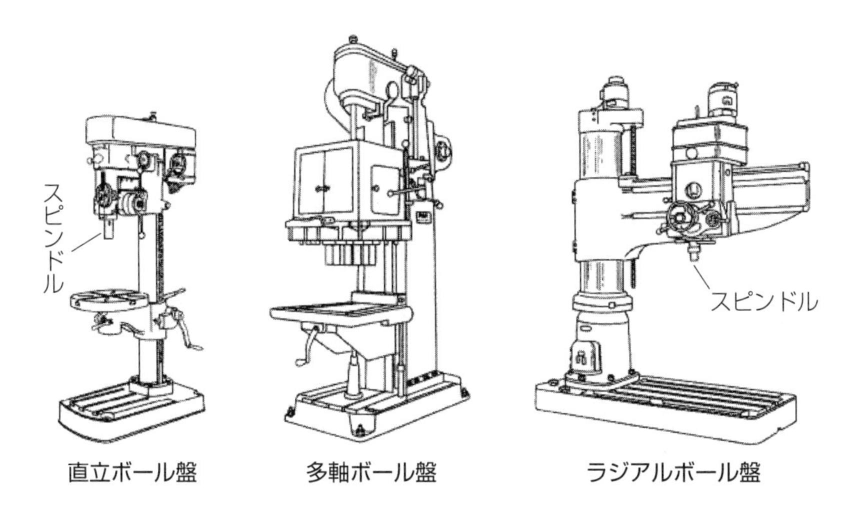

直立ボール盤　　多軸ボール盤　　ラジアルボール盤

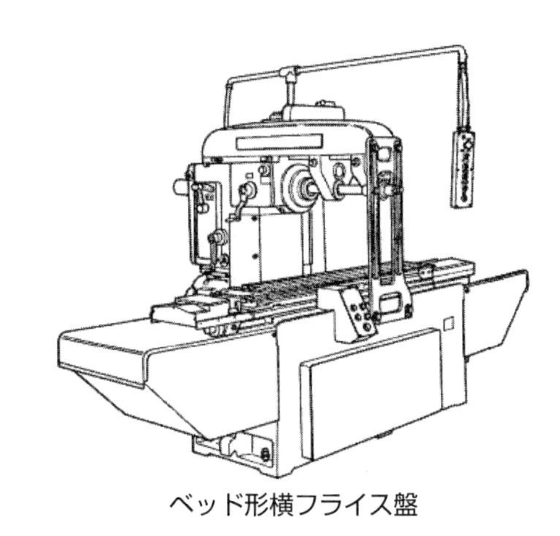

ベッド形横フライス盤

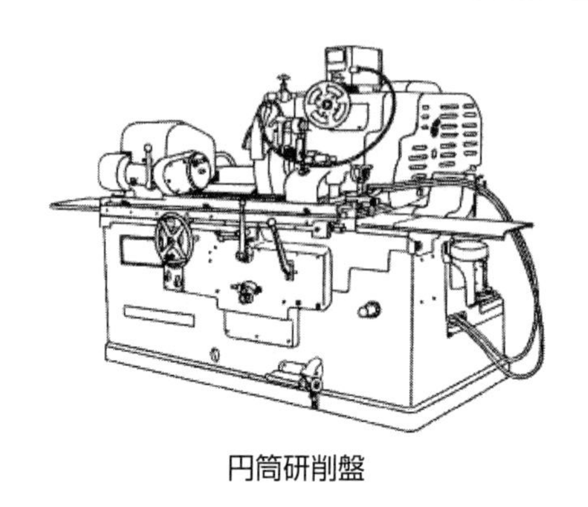

円筒研削盤

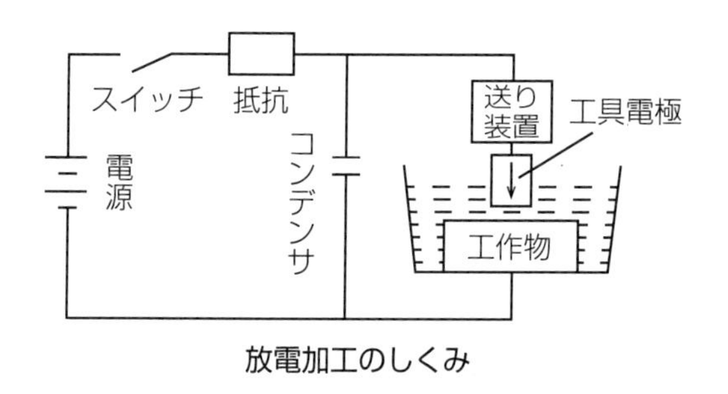

放電加工のしくみ

2 各種工具

バイト	旋盤などで用いる切削工具。
ドリル	穴あけに用いる切削工具。
リーマ	ドリルなどで空けられた穴の内側を，平滑で精度よく仕上げる。
タップ	雌ねじを切る切削工具。
ダイス	雄ねじを切る切削工具。
弓ノコ	現場で簡易に材料を切断し，長さや幅を決める工具。
ケガキ針	スケール（定規）などに沿って工作物にケガキ線を引く。
ポンチ	ケガキ線をを入れた後に，工作物の中心などに目印を打つ時に使う器具。ハンマーで打つ。
ヤスリ	金属の研削を行う手動工具。
金切りはさみ	金属板を切るはさみ。**直刃**（ちょくば）と柳刃（やなぎば）の２種がある。前者は刃長より短いものを直線に切るが，後者は刃長より長いものを直線または曲線に切る場合に用いる。

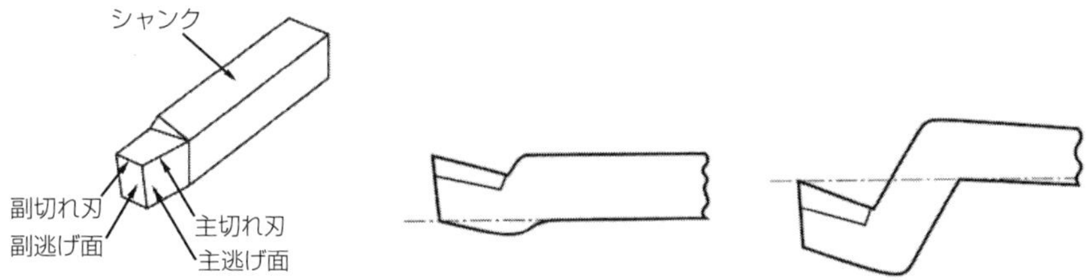

むくバイト　　旋盤用バイト　　腰折れバイト

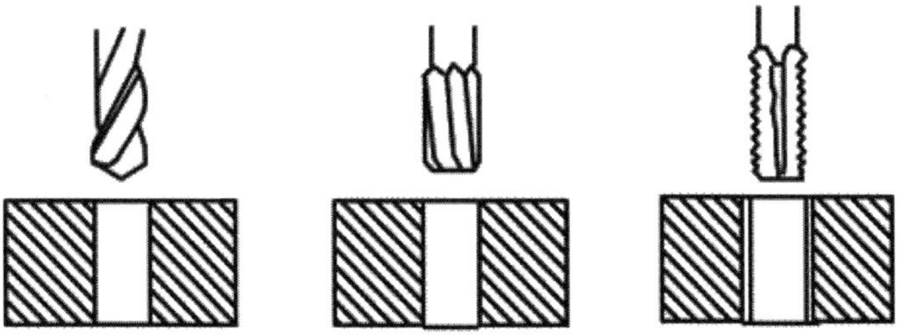

ドリル　　リーマ　　タップ

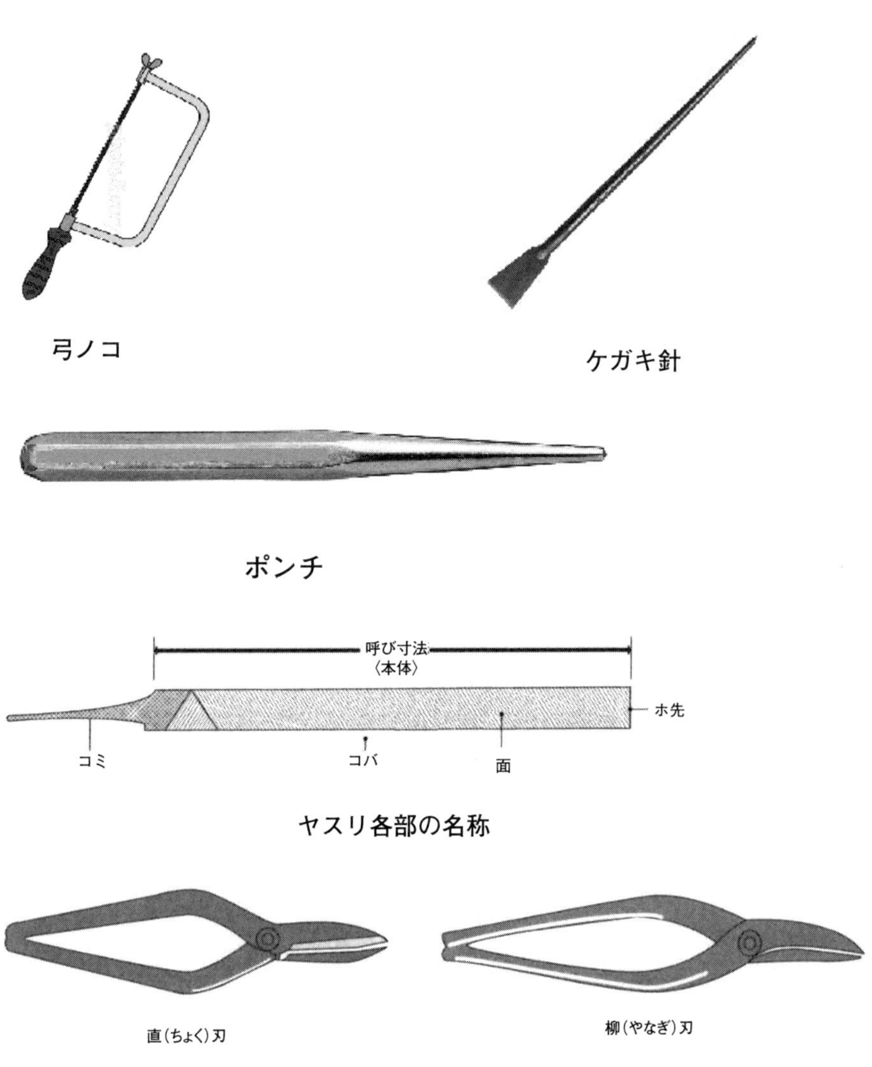

弓ノコ

ケガキ針

ポンチ

ヤスリ各部の名称

金切りはさみ

5－2　使用材料　重要度★★☆

1 鉄鋼

鋼とは，鉄鉱石を製錬した銑鉄（せんてつ）に粘り強さや加工性を持たせるために精錬したもの。ただし，銑鉄を鋳型（いがた）に流し込んで作ったもの（鋳鉄（ちゅうてつ））も鉄鋼に含むことあり。

2 鉄鋼の分類

（純）鉄	純度の高い鉄。炭素含有量0.006～0.035％
炭素鋼	炭素0.035～2.1％を含む鉄と炭素の合金
鋳鉄	炭素2.1～4.3％を含む鉄と炭素の合金
合金鋼	炭素鋼に１種以上の金属か非金属を含ませた合金

3 炭素鋼の種類

用途分野	鋼材名	記号の例	具体用途例
構造分野	一般構造用圧延鋼材	SS400	建築物，橋梁，鉄道車両，船舶など
	機械構造用炭素鋼鋼材	S30C	一般構造鋼材より信頼性が高く，軸・歯車などの機械装置など
工具関係	炭素鋼工具鋼材	SK140	（少炭素量）プレス型，刻印など （多炭素量）各種ヤスリ，たがねなど

4 鉄鋼記号表示

区分	記号例		
一般構造用	S （鋼）	S （構造用）	400 （最低引張強度［N/mm^2］）
機械構造用	S （鋼）	30 （炭素含有量［％］の代表値）	C （元素記号）

5 トタンとブリキ

トタン板	亜鉛鉄板ともいう。溶融亜鉛めっきを施した鋼板。平板と波板とがある。
ブリキ板	冷間圧延により製造した鋼板に，すずめっきしたもの。めっき厚み0.10〜0.50 mm程度。

6 工具用合金鋼の種類

分類	種類	特徴	用途
合金工具鋼	切削用 SKS	0.75〜1.50 %Cの炭素鋼にCr，W[注1)]を加えて耐摩耗性向上	バイト，冷間引き抜き用ダイス，丸ノコなど
	耐衝撃 SKS用	0.35〜1.10 %Cの炭素鋼にCr，W，V[注2)]を加えて表面硬さを改善	ポンチ，たがね，削岩機用ピストンなど
	冷間金型用 SKS，SKD	加工後の熱処理による変形や経年変化少ない	プレス型，ゲージ，ダイスなど
	熱間金型用 SKD，SKT	加熱・冷却を繰り返してもひび割れしにくい	プレス型，ダイカストなど
高速度工具鋼[注3)]	W系 SKH2，3，4，10	硬さや耐摩耗性にすぐれる。Co含有のものは高速重切削加工可能[注4)]	一般切削用工具・高速重切削加工工具
	Mo系 SKH51〜59	W系より劣るが安価。じん性[注5)]が大きい	

注1) Crはクロム，Wはタングステン

注2) Vは，バナジウム

注3) 高速度鋼とは，工具鋼の高温下での性質を改善し，より高速での金属材料の切削を可能にする工具材料として開発された

注4) 重切削加工とは，鋼切削量を多くしたり，切削速度をあげたりして抵抗が大きくなる加工

注5) じん性とは，物質の粘り強さを表す技術用語で，粘り強くて，衝撃破壊を起こしにくいかどうかの程度

7 ステンレス鋼の種類

分類	系統	組成	記号	特徴	用途
Cr系（強磁性）	フェライト系	18Cr	SUS430	高耐食性の汎用鋼	建築用，家庭用
	マルテンサイト系	13Cr	SUS410	耐食性・加工性良好	一般用途・刃物類
		17Cr0.3C	SUS429J1	耐摩耗・耐食性	バイクのブレーキディスク
		18Cr1C	SUS440C	SUS中の最高硬さ	軸受・ノズル
Cr-Ni系（非磁性）	オーステナイト系	18Cr8Ni0.1C	SUS302	高強度	建築外装
		18Cr8Ni	SUS304	耐熱鋼	汎用
		18Cr12Ni2.5Mo	SUS316	耐食性	耐孔食

8 銅およびその合金

名称	単一／合金	性質および用途
銅（カッパー）	銅単一（Cu）	熱や電気の伝導率高い。反磁性で展延性高いが加工硬化。鉄より耐食性高いが，湿気や炭酸ガスに侵される（緑青（ろくしょう）），収縮率高く鋳造しにくい。切削もしにくい。電線など。
黄銅（ブラス）	銅＋亜鉛（Cu）（Zn）	冷間加工性が良好。真ちゅうともいう。七三黄銅は銅70亜鉛30の組成で圧延加工材に，六四黄銅は銅60亜鉛40の組成で鍛造品，熱間加工品に用いる。
青銅（ブロンズ）	銅＋すず（Cu）（Sn）	強度高く，鋳造しやすい。耐食性・耐摩耗性良好。貨幣，銅像，鐘，美術工芸品，機械部品など。

9 プラスティック材料の長所と短所

長所	① 比較的強度が高く，軽い。 ② 適度な硬さや柔軟性。 ③ 耐水性，耐薬品性，耐候性良好。 ④ 熱絶縁性，電気絶縁性良好。 ⑤ 成形加工性にすぐれる。 ⑥ 着色性良好，透明のものもあり，美しい外観。
短所	① 高温で変形しやすい。使用温度に限界あり。 ② 熱による膨張変化大。 ③ 成形時も成形後も収縮変化大。 ④ 衝撃強度は一般に低い。

10 プラスティック（樹脂）の分類

分類	特徴	例
熱硬化性	加熱して成形した後は，再加熱しても軟化せず，溶剤にも溶解しない。廃棄後の再利用は困難。	エポキシ樹脂，フェノール樹脂など。
熱可塑性	高温で軟化して，自由に成形できる。冷却すると硬化するが，再加熱すると再び軟化して，再利用もしやすい。	塩化ビニール樹脂，ポリエステル樹脂，ポリアミド樹脂など。

11 熱硬化性樹脂の種類

名称	記号	性質	用途
フェノール樹脂	PF	電気的特性にすぐれ，耐熱性あり。	鍋類の取っ手，配線器具など
ユリア樹脂（ウレア樹脂）	UF	硬く耐薬品性良好。表面に光沢がある。着色しやすい。機械的強度，電気的特性にもすぐれる。	合板用接着剤，食器，おもちゃなど
メラミン樹脂	MF	無色透明な樹脂で，着色容易。表面は堅く，耐熱性，機械特性，電気特性，耐薬品性良好。	接着剤，塗料，食器，化粧板など
不飽和ポリエステル樹脂	UP	常温・常圧で成形可。電気的特性，機械特性にすぐれ，ガラス繊維で補強すると耐衝撃性良好。	浄化槽，浴室ユニット，小型船舶など
エポキシ樹脂	EP	常温・常圧で成形可。耐熱性，耐薬品性，機械特性，電気特性良好。接着力も大。	接着剤，塗料，IC回路の絶縁体など

12 熱可塑性樹脂の種類

名称	記号	性質	用途
ポリエチレン樹脂	PE	水より軽く，水を吸わない。耐薬品性，電気絶縁性良好。耐熱性低い。	ポリ袋，電線被覆材，石油缶，農業用フィルムなど
ポリ塩化ビニール	PVC	難燃性，水や電気を通さない。耐薬品性，電気絶縁性良好。	電線被覆材，農業用フィルム，ビニールテープなど
ポリスチレン樹脂（スチロール樹脂）	PS	射出成型性良好だが，衝撃に弱く，耐薬品性も低い。	発泡スチロール，プラモデル，家電製品のケーシング
ポリアミド樹脂（ナイロン）	PA	耐油性，耐熱性良好。低摩擦係数，耐摩耗性。吸水で寸法変化あり。電気低性質はやや劣る。	ガソリンタンク，配管用チューブ，歯車，カムなど

ポリカーボネート樹脂	PC	耐熱性，耐衝撃性，電気的特性にすぐれる。	スイッチ，スイッチカバー，ヘルメット，哺乳瓶（びん）など
ポリアセタール樹脂	POM	剛性，耐クリープ特性あり。低摩擦係数で，耐摩耗性も良好。	歯車，カム，ファスナー，ねじなど
アクリロニトリル・ブタジエン・スチレン樹脂	ABS	低温における耐衝撃性，耐薬品性，耐油性にすぐれる。	家電製品全般，自動車用グリル，ドアパネルなど
ポリメタクリル酸メチル樹脂（アクリル樹脂）	PMMA	完全に無色透明で，光透過率ほとんど100％	レンズ，光ファイバー，照明器カバー，水族館窓など
ポリプロピレン樹脂	PP	密度0.9で樹脂中で最軽量。機械強度大，耐熱性，電気特性良好。	フィルム，パイプ，シート，自動車部品など

13 接着する組合せとその接着剤

	紙	ゴム	木材	ナイロン・塩化ビニール	アクリル樹脂・ポリカーボネート	金属
金属	酢酸ビニール	シアノアクリレート，ネオプレン	フェノール，エポキシ	ニトリルゴム，フェノール	シアノアクリレート，エポキシ	シアノアクリレート，エポキシ
アクリル樹脂・ポリカーボネート	酢酸ビニール	ニトリルゴム，フェノール	ニトリルゴム，フェノール	ニトリルゴム，フェノール	シアノアクリレート	
ナイロン・塩化ビニール	ニトリルゴム，フェノール	ニトリルゴム，フェノール	ニトリルゴム，フェノール	ニトリルゴム，フェノール		
木材	酢酸ビニール	ポリウレタン	尿素，フェノール			
ゴム	ニトリルゴム	ポリウレタン，ネオプレン				
紙	酢酸ビニール					

14 ゴムの種類

分類		性質と用途
天然ゴム	軟質ゴム	弾性，柔軟性良好だが，耐熱性，耐油性に劣る。老化現象が起きやすい。弾性材，ベルト，ホース，パッキンなど。近年では合成ゴムに代りつつある
	硬質ゴム	硬くて脆(もろ)く，軟質ゴムよりも耐酸性，耐アルカリ性に富む。エボナイト等の電気絶縁材など
合成ゴム		耐油性，耐熱性，耐摩耗性，耐老化性にすぐれる。用途は非常に広がっている

5 実戦問題

以下の問題文が正しければ，○を，誤っていれば×をマークしなさい。

□□ **問1** タップは雄ねじを切る工具で，ダイスは雌ねじを切る工具である。

□□ **問2** M形ノギスは，長さを0.02 mmまで読み取ることが可能である。

□□ **問3** 金切りはさみは，金属板を切るはさみで，柳刃と直刃の2種類がある。

□□ **問4** ボール盤での加工では，工作物は静止していて，スピンドルが回転してドリルで穴あけをする。

□□ **問5** ポリエチレンやポリプロピレンは，熱可塑性樹脂に属する。

□□ **問6** Cr系ステンレス鋼とCr－Ni系ステンレス鋼とを比較すると，耐食性がすぐれているのは，Cr系ステンレス鋼である。

□□ **問7** 天然ゴムと合成ゴムとでは，耐熱性や耐摩耗性にすぐれているのは，合成ゴムである。

□□ **問8** アルミニウムと純銅を比較すると，熱伝導率が高いのは純銅である。

□□ **問9** 鋳鉄とは，炭素量として2.1～4.3 %を含む鉄と炭素の合金である。

□□ **問10** ブリキ板とは，冷間圧延により製造した鋼板に，亜鉛めっきしたものをいう。

5 実戦問題の解答と解説

問1 × 解説 記述は逆になっています。ダイスが雄ねじを切る工具で，タップが雌ねじを切る工具です。

問2 × 解説 M形ノギスは，長さを0.05 mmまで読み取ることができます。0.02 mmまで読み取ることができるのはCM形ノギスです。

問3 ○ 解説 金切りはさみは，金属板を切るはさみで，柳刃と直刃の2種類があります。

問4 ○ 解説 ボール盤での加工では，工作物は静止していて，スピンドルが回転してドリルで穴あけをします。

問5 ○ 解説 ポリエチレンやポリプロピレンは，熱可塑性樹脂に属します。

問6 × 解説 耐食性がすぐれているのはCr－Ni系ステンレス鋼で，強さがすぐれているのがCr系ステンレス鋼です。

問7 ○ 解説 天然ゴムと合成ゴムとでは，耐熱性や耐摩耗性にすぐれているのは，合成ゴムです。

問8 ○ 解説 アルミニウムと純銅を比較すると，熱伝導率が高いのは純銅です。

問9 ○ 解説 鋳鉄とは，炭素量として2.1～4.3 %を含む鉄と炭素の合金です。

問10 × 解説 ブリキ板とは，冷間圧延により製造した鋼板に，すずめっきしたものをいいます。

第6節 図面関係

学習ポイント

・図面はどのように描いてどのように見るのだろう。

試験によく出る重要事項

重要度★★☆

1 製図や略図を描く基本

① 正しく
② 明瞭に
③ 迅速に

2 図面の3関係者

① 設計者：図面を作成する
② 製作者：図面によって機器を製作する
③ 使用者：図面によって機器を使用して業務をする

3 投影法の種類

投影法	図の種類	特徴	用途
正投影	正投影図	形状を厳密に正確に表現する	一般の図面
等角投影	等角図	一つの図で，立体形状の三面を同程度に表現する	説明用の図面
斜投影	キャビネット図	一つの図で，立体形状の三面のうち一面を正確に表現する	

投影法(とうえいほう)は，立体物を平面上に図示・表現する方法である。しくみとしては，画面の前に置いた物体に光線を当て，画面に映る物体の影を写し取る（投影）というもので，投影法には光線の角度などによっていくつかの種類がある。画面に垂直な平行光線により投影する**正投影法**が一般的に用いられる。

4 製図における4つの象限

第三角法

正投影法の1つである**第三角法**は，右図のように空間を第1～第4象限の4つに分割したうち，第3象限（第三角）内に物体を置いて投影する方法である。JISの機械製図では，第三角法で投影図を描くことが規定されている。

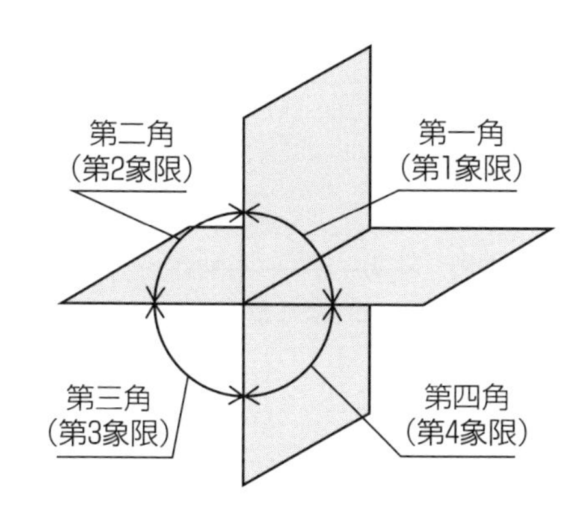

この方法では，物体の特徴を最もよく表す面を正面に置き，正面図（正面から見た図）をそのままにして各面を平面上に広げていくため，平面図（上から見た図）が上，右側面図（右横から見た図）が右になる。

5 投影図と第三角法の例

第三角法の実例

例えば，図aのような物体を第三角法で図示すると図bのようになる。一般には正面図・平面図・側面図の3つを描いた三面図が使われる。

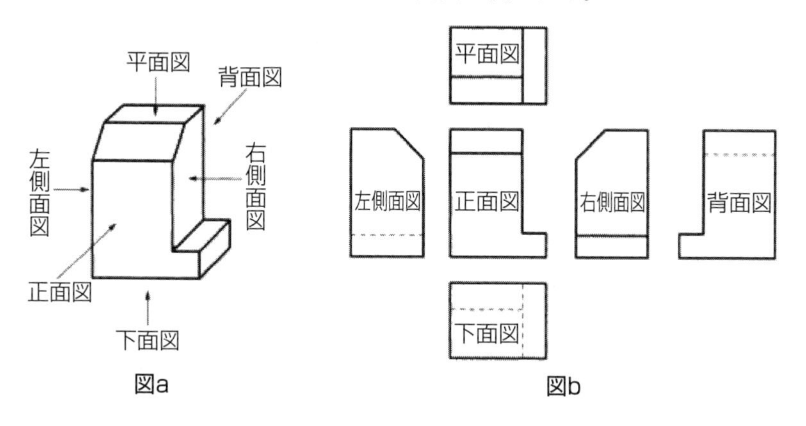

図a　図b

6 第三角法の表現例

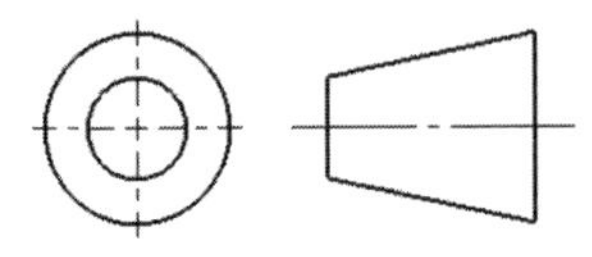

7 線の種類

実線　──────

破線　- - - - - - -

一点鎖線　─ · ─ · ─ · ─

二点鎖線　─ ·· ─ ·· ─

※ 破線や鎖線が交わるときは，すき間の部分ではなく線の部分で交わるようにする。

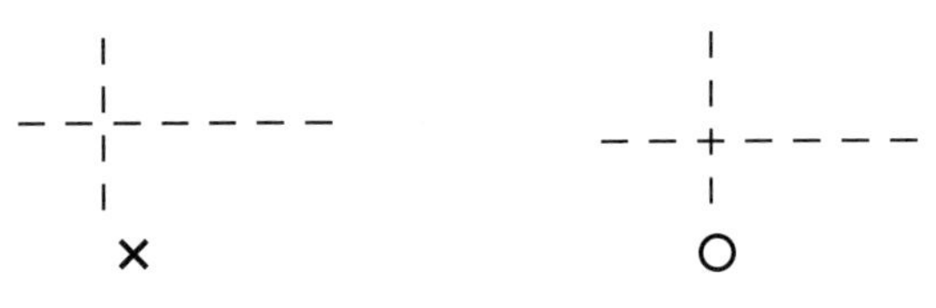

破線の交差のよしあし

8 太さによる線の種類

細線・太線・極太線を用いる。太さの比は，順に１：２：４とする

9 線の用途

名称	線の種類		線の用途
外形線（がいけい）	太い実線		対象物の見える部分の形状を表す
寸法線	細い実線		寸法を記入する
寸法補助線			寸法を記入するために図形から引き出す
引出線（ひきだし）			記号・記述などを示すために引き出す
回転断面線			図形内にその部分の切り口を90°回転して表す
水準面線			水面・油面などの位置を表す
かくれ線	細い破線または太い破線		対象物の見えない部分の形状を表す
中心線	細い一点鎖線		図形の中心を表す
基準線			特に位置決定のよりどころであることを示す
ピッチ線			繰り返し図形のピッチをとる基準を表す
特殊指定線	太い一点鎖線		特別な要求事項を適用する範囲を表す
想像線	細い二点鎖線		投影法上では図形に現れないが，便宜上必要な形状を示す
重心線			断面の重心を連ねた線を表す
破断線	波形の細い実線またはジグザグ線	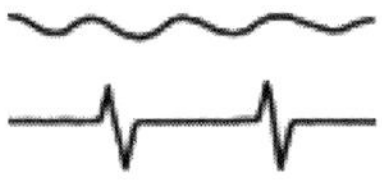	取り去った部分を表す
切断線	細い一点鎖線（端部などは太い実線）		断面図を描く際に，切断位置を示す
ハッチング	細い実線を密に並べたもの	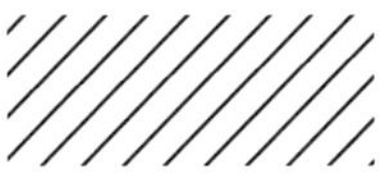	図形の限定された特定の部分を他の部分と区別する

10 表面性状

① 表面粗さ：表面の凹凸や面の連続する起伏で微小なもの
② うねり　：連続する起伏で大きなもの
③ 筋目方向：除去加工によって生じる顕著な筋の方向
④ 表面模様：上記以外の表面形状

11 断面図

図形の内部を簡単かつ明確に示すために，断面図が用いられます。

全断面図	対象物の基本中心線で全部切断して示した図。通常，対象物の基本的な形状が最もよく表れるように切断面を決める（この場合，切断線は記入しない）。
片側断面図	断面と外形を片側ずつ描いた図。対象物が左右対称な場合に用いる。
部分断面図	外形図で必要とする要所の一部だけを破って断面を表す。この場合は破断線で境界を示す。
回転図示断面図	フックなど，途中の形状が変化するようなものの切り口を90°回転して表す。

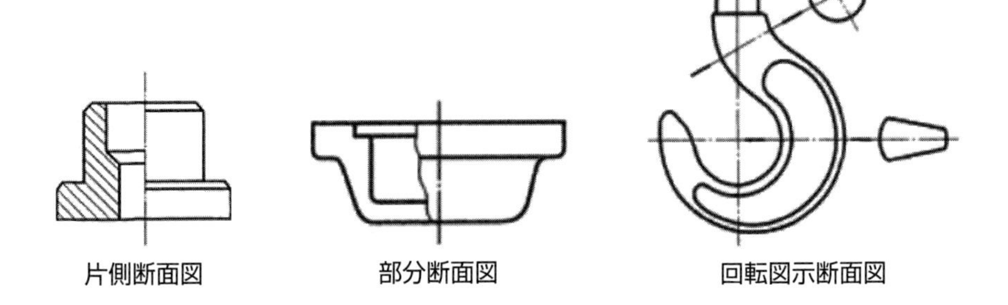

12 寸法の記入例（寸法公差とは最大許容寸法と最小許容寸法との差）

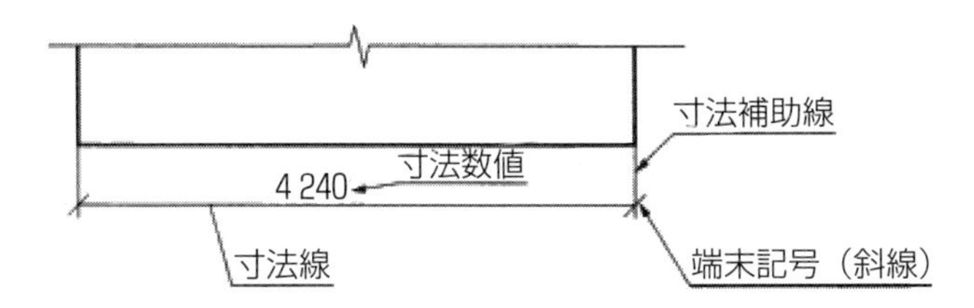

寸法記入要素の例

寸法の記入方法には，次のようなものがある。

一般原則	・寸法はなるべく主投影図に集中して記入する。 ・寸法は特に明示しない限り仕上がり寸法を示す。 ・寸法の重複記入は避ける。 ・寸法はなるべく計算して求める必要がないように記入する。 ・関連する寸法は，なるべく1ヶ所にまとめて記入する。 ・寸法のうち，参考寸法については寸法数値にカッコをつける。 ・寸法は寸法線・寸法補助線・寸法補助記号を用い，寸法数値により示す。

寸法線	・寸法線は，次図のように寸法補助線と端末記号を使って記入する。 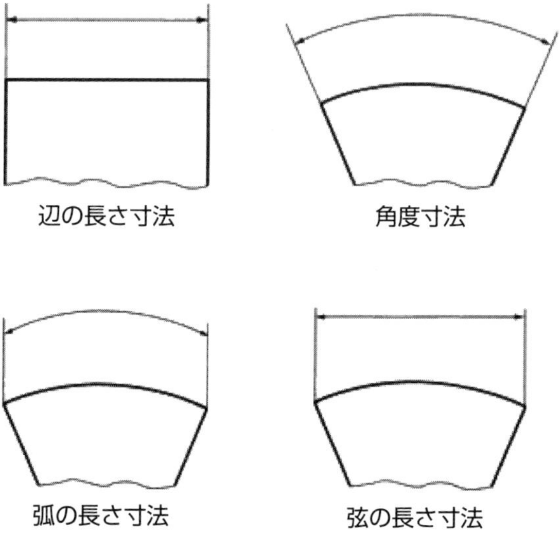 辺の長さ寸法　角度寸法 弧の長さ寸法　弦の長さ寸法 ・端末記号には矢印・斜線・黒丸の3種類がある。 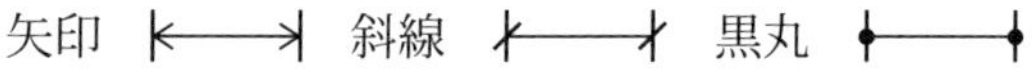 矢印　斜線　黒丸 ・角度寸法を記入する寸法線は，角度を構成する2辺またはその延長線（寸法補助線）の交点を中心として，両辺またはその延長線の間に描いた円弧で表す。 ・狭いところでの寸法の記入は，引出線を寸法線から斜め方向に引き出し，寸法数値を記入する。 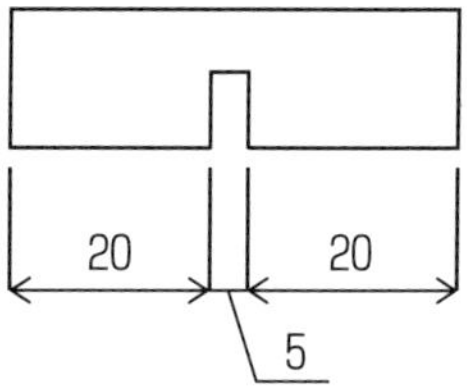 20　20　5 ・寸法線が隣接して連続する場合，寸法線は一直線上にそろえて記入する。
寸法補助線	・寸法は通常，寸法補助線を用いて寸法線を記入し，その上に寸法数値を表示する。 ・寸法を指示する線の位置を明確にするため，寸法線に対して適当な角度をもつ寸法補助線を引いてもよい。 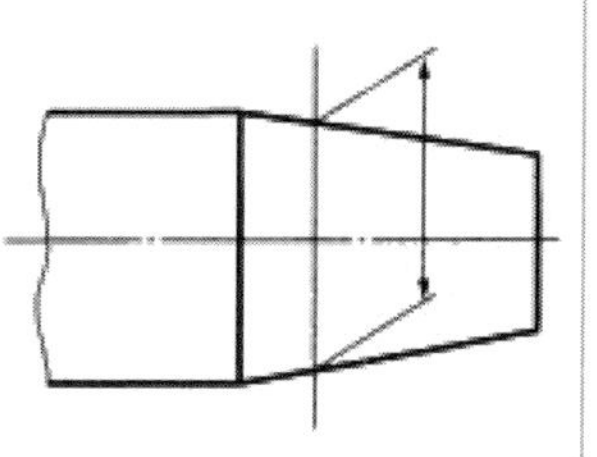

寸法数値	・長さは通常，ミリメートルの単位で記入し，単位記号はつけない。 ・角度は通常，度の単位で記入し，必要に応じて分・秒が使用できる。 例えば60°，1°23′45″などのように書く。 ・寸法数値の桁けた数が多い場合でもコンマはつけず，32 400のように書く。 ・寸法数値は，線に重ねて記入しない。

12 寸法補助記号

記号	意味	読み	記号	意味	読み
Ø	直径	まる	□	正方形の辺	かく
R	半径	あーる	*t*	板の厚さ	てぃー
*S*Ø	球の直径	えすまる	⌒	円弧の長さ	えんこ
SR	球の半径	えすあーる	*C*	45°の面取り	しー

※ドリルによる加工をキリという。「6×8キリ」は「直径8mmのドリル穴が6個」

13 はめ合い（すき間ばめと締(し)まりばめ）

歯車と軸などのように，軸と穴をはめ合わせる関係をはめあいという。はめあいには次の3種類がある。

すき間ばめ	穴の直径が軸の直径より大きいとき，すき間ができる。このようなはめあいをすき間ばめという。穴の最小寸法は軸の最大寸法よりも大きい。滑り軸受と軸の関係など
しまりばめ	穴の直径が軸の直径より小さいとき，その直径の差をしめしろといい，このようなはめあいをしまりばめという。穴の最大寸法が軸の最小寸法よりも小さい。車輪と軸の関係など
中間ばめ	場合によってすき間・しめしろのどちらにもなりうるはめあい。軸と軸継手の関係など

第5章 第6節 図面関係

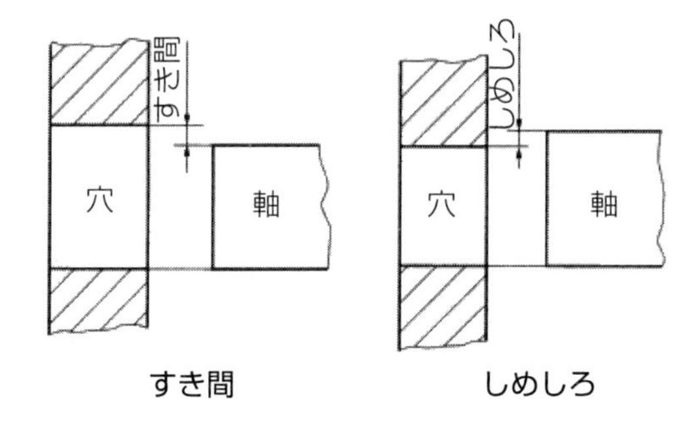

すき間　　しめしろ

6 実戦問題

以下の問題文が正しければ，○を，誤っていれば×をマークしなさい。

□ □ **問1** 一般に物体を図面に正確に描く場合には，正面図，平面図，および，断面図の3種を描く。

□ □ **問2** 機械部品の表面には，一般に細かい凹凸や面の起伏があり，これらを表面性状と呼んでいる。

□ □ **問3** 図面において，寸法数字の前に書かれた*R*は湾曲部を円に見立てた場合の直径を意味する。

□ □ **問4** 一般に図面上の仕上がり寸法は，ミリメートル単位で記入し，単位記号は付けない。

□ □ **問5** 穴の最大許容寸法より軸の最小寸法が大きい場合には，そのはめ合いを締まりばめという。

□ □ **問6** 機械部品の製図において，内部の形状や大きさを表現する場合には，かくれ線を用いる。

□ □ **問7** 寸法線あるいは寸法補助線は，標準の太さの実線で描く。

□ □ **問8** 図の中の一定の領域に細い実線を並べて描くものをハンチングという。

□ □ **問9** 表面性状において，連続する起伏で大きなものをうねりという。

□ □ **問10** 斜投影で製図する図は，キャビネット図と言われ，一つの図で，立体形状の三面のうち一面を正確に表現する。

6 実戦問題の解答と解説

問1 ×　解説　物体を図面に正確に描く場合には，正面図，平面図，および，側面図の3種を描きます。

問2 ○　解説　機械部品の表面には，一般に細かい凹凸や面の起伏があり，これらを表面性状と呼んでいます。

問3 ×　解説　図面において，寸法数字の前に書かれた*R*は湾曲部を円に見立てた場合の直径ではなくて，その場合の半径を意味します。

問4 ○　解説　一般に図面上の仕上がり寸法は，ミリメートル単位で記入し，単位記号は付けません。

問5 ○　解説　穴の最大許容寸法より軸の最小寸法が大きい場合には，そのはめ合いを締まりばめといいます。

問6 ○　解説　機械部品の製図において，内部の形状や大きさを表現する場合には，かくれ線を用います。

問7 ×　解説　寸法線あるいは寸法補助線は，細い実線で描きます。

問8 ×　解説　図の中の一定の領域に細い実線を並べて描くものは，ハンチングではなくて，ハッチングといいます。

問9 ○　解説　表面性状において，連続する起伏で大きなものをうねりといいます。

問10 ○　解説　斜投影で製図する図は，キャビネット図と言われ，一つの図で，立体形状の三面のうち一面を正確に表現します。

第６章 模擬問題と解答解説

第１節　模擬問題

第２節　模擬問題の解答

第３節　模擬問題の解答と解説

第1節 模擬問題

以下の問題文が正しければ，○を，誤っていれば×をマークしなさい。

□□ **問1** レーザー光線は直接目に入ると危険である。

□□ **問2** 指差呼称は，ヒューマンエラーを防ぐための方法の一つとされている。

□□ **問3** 3Sや5Sは，職場のモラールとは直接に関係はない。

□□ **問4** 感電とは，人体に通電することで，単にビリッとする以外に，苦痛によるショック，筋肉の硬直もあり，最後は死に至ることもありうる。

□□ **問5** 危険予知活動は，危険を事前に察知する能力を高める活動であり，その第2ラウンドは危険を予測して現状把握することとされている。

□□ **問6** フェイルセーフとは，作業者が仮にミスをしても，災害や事故にならない仕組みに設計することをいう。

□□ **問7** $\overline{X}-R$ 管理図は，管理図の中でも最も多く用いられているが，主として計数値の管理に利用される。

□□ **問8** 計画の中で，乗り越えることが困難な内容がある場合，それが乗り越えられなかった時のために，別な方法を予め用意しておく手法をPDPC法という。

□□ **問9** パレート図は，不良率や設備の故障などを効率よく低減するための分析をするのに有用である。

□□ **問10** マトリックス図法には，変量が2種である二次元のもの以外に，多次元のものもある。

□□ **問11** 工程能力指数とは，上限規格から下限規格を差し引いた規格幅を標準偏差の3倍で割って求める。

□□ **問12** 標準偏差をσと書く時，正規分布をするデータにおいて，データが$\pm\sigma$の範囲に入る確率は，約68％である。

□□ **問13** 全数検査が必要な製品の破壊検査は基本的にあり得ない。

□□ **問14** Off-JTは，教育を受ける側の個性を尊重した教育が行われるという特徴がある。

□□ **問15** 労働基準法には，労働時間の開始時刻および終了時刻が規定されている。

□□ **問16** 作業標準に添って業務を行うことは，作業能率，品質安定，安全確保の観点からも，欠かすことのできないことである。

□□ **問17** 自己啓発はOff-JTの一環と言えるが，通信教育や資格取得などがその例である。

□□ **問18** ブレーンストーミングの4原則とは，①自由奔放，②批判歓迎，③量より質，④結合・便乗・改変厳禁の4つである。

□□ **問19** 集団の目標のため，メンバーが自発的に集団活動に参画し，これを達成するように導いていく役割をリーダーシップという。

□□ **問20** 作業手順書とは，作業標準に即した作業のやり方を，順を追って書いてある指示書のことをいう。

□□ **問21** 三現主義の現とは，現実，現場，原則の3つをいう。

□□ **問22** オペレーターとは，運転者のことで，そのメンバーに求められる4要件のうち，異常発見能力とは，異常を捉える眼をもつ，すなわち，異常の起こる予兆を発見できる能力をいう。

□□ **問23** チョコ停には，エフを付けなくてもよい。

□□ **問24** ワンポイントレッスンとは，教育を受けたリーダーがメンバーに伝える伝達教育であり，日常活動の中で，メンバーがコンパクトに学習できるものになる。

□□ **問25** モータの運転中に回転部の振動が起きていたが，危険と考えてエフは付けなかった。

□□ **問26** 自主保全活動では，QCDSPMEの測定評価項目を用いて評価することもある。

□□ **問27** 「この程度のことは大丈夫だろう」と思うような小さな欠陥を微欠陥と言っている。

□□ **問28** 自主保全ステップ展開の第1ステップの前に，職場の写真を多く撮影しておくとよい。

□□ **問29** 局所を覆うカバーの製作は，専門技術が必要なので，コストや時間を節約するために，外注することが望ましい。

□□ **問30** 困難個所対策の目的の一つには，点検時間の短縮が挙げられる。

□□ **問31** 設備の不具合による故障は，設備に関わる全ての人の意識を変えることで，なくすことができる。

□□ **問32** 自主保全活動のステップ診断においては，内容の診断をするとともに，サークルの中の悩みや進め方の問題点などに関する指導や援助も重要である。

□□ **問33** サークルモデル展開を行う際に，やりやすいモデル機を選定するために，できるだけきれいな設備を選ぶことがよい。

□□ **問34** エフ付けやエフ取りの活動は，自主保全活動の第1ステップが終わって次に進めば，その後はしなくてもよい。

□□ **問35** 自主保全活動を行うにあたって，怪我などの不安全な事案を防ぐために，第1ステップで行うべきである。

□□ **問36** 設備の条件設定能力は，設備に強い作業者に必要な能力の一つである。

□□ **問37** 局所カバーは，できるだけ発生源の近くにおいて，汚れの飛散をくい止め，影響を局所化する目的で付ける。

□□ **問38** 強制劣化とは，決められた事項を守らないことによって，急激に進む劣化のことをいう。

□□ **問39** 強制劣化の対策は，製造部門よりも，保全部門が行うべきものである。

□□ **問40** TPMのサークル活動で行うミーティングでは，できるだけ時間をかけて回数も多くしたほうがよい。

□□ **問41** TPM活動では，その活動目標を職場の上司が決め，メンバーはその目標に向かって活動する。

□□ **問42** TPM活動は，設備改善が狙いの活動であって，一番の目標は設備の体質改善ということになる。

□□ **問43** 故障ゼロに対する基本的な考え方の一つに「設備は故障するもの」という古い常識を改めることがある。

□□ **問44** 技能不足によって見逃してしまう欠陥を物理的潜在欠陥という。

□□ **問45** 設備の機能が徐々に低下して故障に至る故障を，機能低下型故障という。

□□ **問46** 故障のメカニズムとは，設備などが故障を起こす過程（内訳ストーリー）のことをいう。

□□ **問47** 一年ごとに毎年行っている定期修理は，状態基準保全（CBM）に該当する。

□□ **問48** TPM活動の8本柱の一つである「個別改善」は，保全部門が担当する。

□□ **問49** 故障モードには，変形，クラック，摩耗，断線などが含まれる。

□□ **問50** MTBFで，修理の難易性が判断できる。

□□ **問51** LCCとは，ライフサイクルコストのことで，製品や設備の一生涯の中でかかる総コストのことである。

□□ **問52** 設備が故障してから修理しても経済的にそれほど問題なしとして事後保全をすることを計画的事後保全という。

□□ **問53** 故障度数率とは，故障による停止回数の負荷時間あたりの割合を意味する。

□□ **問54** 機械設備の運転を止めなければできない段取り作業を外段取りという。

□□ **問55** プラント総合効率は設備総合効率ともいわれ，それを計算するための時間としては，暦時間が用いられるが，これは土曜・日曜および祝日を除いて計算される。

□□ **問56** 慢性ロスと呼ばれるものには，一般的には要因と結果の関係が明瞭なものが多い。

□□ **問57** 「人間の考え方や行動が変われば，設備故障をゼロにできる」という考え方が，故障ゼロの考え方の基本にある。

□□ **問58** 操業時間とは，プラントが操業できる時間であり，暦時間からSDロス時間を引いたものである。

□□ **問59** 価値稼働時間とは，正味稼働時間から不良品を作り出した時間を除いたものである。

□□ **問60** 再加工ロスとは，不良品の再加工（工程バック）することによるロスをいう。

□□ **問61** 慢性ロスと言われるロスは，様々な対策をとって一時的に改善しても，時間が経てばまた悪くなることを繰り返す傾向がある。

□□ **問62** なぜなぜ分析という手法は，「なぜ」を経験に基づいて，繰返して順序良く問いかけて出し尽くし，真の原因を掴むための手法である。

□□ **問63** PM分析では，現象の物理的解析によって，成立する条件を全てリストアップすることになる。

□□ **問64** ブレーンストーミングでは，他の人のアイデアを批判することが推奨されている。

□□ **問65** 調節とは，一般に作業を勘やコツに頼らずに，機械的にできるように簡素化・単純化することである。

□□ **問66** 改善とは，正しい状態から外れているものを，正しい状態に戻すことをいう。

□□ **問67** 「過剰な包装」はECRSの中の，Rに相当する。

□□ **問68** FTAは，ヒューマンエラーの発生経路や発生原因の解析に適している。

□□ **問69** 価値分析であるVAの目的は，必要な機能を最小のコストで得ることである。

□□ **問70** 調節作業は，調整化することを目指すべきである。

□□ **問71** PM分析の検討において，現象の物理的解析はしないほうがよい。

□□ **問72** 改善の4原則としてのECRSは，排除，結合，置換，簡素化のことである。

□□ **問73** 動作経済の原則としては，「動作方法」，「作業場所」，「治工具および機械」の3つを対象としている。

□□ **問74** 外段取りとは，設備稼働中に工程を離れて行うことのできる段取りをいう。

□□ **問75** ラインバランス分析は，作業工程間のバランスのよしあしを，編成効率という指標で数値化できる手法である。

□□ **問76** VEとは，購入資材の機能を研究し，機能と価値のバランスを検討して，最小の価格で資材を得ようとする手法である。

□□ **問77** PM分析の進め方のステップにおいて，その第一ステップでは，現象の明確化を行い，現象を正しく把握するために，データの層別を十分に行う。

□□ **問78** なぜなぜ分析において，不具合の原因として「モータが故障した」とするよりも，「モータが回転しない」という表現が好ましい。

□□ **問79** 回復すべき問題にも，向上すべき課題にも，現状と目標とに「差」があるということでは共通である。

□□ **問80** QCストーリーにも，問題解決型と課題達成型とがあるとされる。

□□ **問81** ボルトがゆるむ原因にはいろいろあるが，温度変化からの影響はまず受けない。

□□ **問82** 潤滑油の効果の一つとして，防じん作用もある。

□□ **問83** 作動油の粘度は，温度上昇とともに高くなる。

□□ **問84** 油圧タンクの作動油の点検は，一般に設備の停止中に実施する。

□□ **問85** 空気圧機器において，レギュレータは，シリンダやモータの始動・停止・方向の切換えを制御する。

□□ **問86** アキュムレータは，回路内の油圧の変動や脈動を軽減する役割を持つ。

□□ 問87 歯車の歯形には，3種類あって，インボリュート歯形，ヘリックス歯形，コンボリュート歯形である。

□□ 問88 転がり軸受は，滑り軸受に比して，摩耗が小さい。

□□ 問89 電動機は，モータとも言われるが，基本的に交流電源が用いられ，直流電源は用いられない。

□□ 問90 光の変化を検知するセンサーは，リミットスイッチである。

□□ 問91 電気めっきが行われる際には，交流電源が必要である。

□□ 問92 電気回路の3要素と言えば，電圧，電流，電力である。

□□ 問93 三相交流は，単相交流に比して，電気回路図が複雑になるが，機械的構造が簡潔かつ頑丈になる。

□□ 問94 金属材料のじん性とは，物質の粘り強さを表す技術用語で，粘り強くて，衝撃破壊を起こしにくいかどうかの程度をいう。

□□ 問95 ニッケル－クロム系ステンレス鋼は，非磁性である。

□□ 問96 黄銅のうち，六四黄銅は亜鉛60％銅40％の組成である。

□□ 問97 高速度鋼とは，工具鋼の高温下での性質を改善し，より高速での金属材料の切削を可能にする工具材料として開発されたものである。

□□ 問98 等角投影で製図する図は，等角図と言われ，一つの図で，立体形状の三面を同程度に表現する。

□□ 問99 表面性状には，表面粗さ，うねり，筋目方向，表面模様がある。

□□ 問100 寸法公差とは最大許容寸法と最小許容寸法との差をいう。

模擬問題は
以上ですべて終わりですよ
たいへんおつかれ様でした
やっと終ったぁ

第2節 模擬問題の解答一覧

問1	問2	問3	問4	問5	問6	問7	問8	問9	問10
○	○	×	○	×	×	×	○	○	○

問11	問12	問13	問14	問15	問16	問17	問18	問19	問20
×	○	○	×	×	○	○	×	○	○

問21	問22	問23	問24	問25	問26	問27	問28	問29	問30
×	○	×	○	×	○	○	○	×	○

問31	問32	問33	問34	問35	問36	問37	問38	問39	問40
○	○	×	×	×	○	○	○	×	×

問41	問42	問43	問44	問45	問46	問47	問48	問49	問50
×	×	○	×	○	○	×	×	○	×

問51	問52	問53	問54	問55	問56	問57	問58	問59	問60
○	○	○	×	×	×	○	○	○	○

問61	問62	問63	問64	問65	問66	問67	問68	問69	問70
○	×	○	×	○	×	×	○	○	×

問71	問72	問73	問74	問75	問76	問77	問78	問79	問80
×	○	○	○	○	×	○	○	○	○

問81	問82	問83	問84	問85	問86	問87	問88	問89	問90
×	○	×	×	×	○	×	○	×	×

問91	問92	問93	問94	問95	問96	問97	問98	問99	問100
×	×	○	○	○	×	○	○	○	○

第3節 模擬問題の解答と解説

【問1】 ○

(解説) レーザー光線は，そのエネルギーが高いために，直接目に入ると危険です。

【問2】 ○

(解説) 指差呼称は，ヒューマンエラーを防ぐための方法の一つとされています。

【問3】 ×

(解説) 3Sや5Sは，職場のモラール（軍隊でいう士気）を高めるものとされています。

【問4】 ○

(解説) 感電とは，人体に通電することで，単にビリッとする以外に，苦痛によるショック，筋肉の硬直もあり，最後は死に至ることもありえます。

【問5】 ×

(解説) 危険予知活動は，危険を事前に察知する能力を高める活動です。ただ，危険を予測して現状把握することは，第2ラウンドではなくて，第1ラウンドです。

【問6】 ×

(解説) 記述はフールプルーフの説明です。フェイルセーフは，機器や設備に何らかの異常が発生しても，被害を最小限にとどめ，安全側に作動するように設計することです。

【問7】 ×

(解説) $\overline{X}-R$ 管理図は，管理図の中でも最も多く用いられていますが，計量値の管理に利用されます。

【問8】 ○

(解説) 計画の中で，乗り越えることが困難な内容がある場合，それが乗り越えられなかった時のために，別な方法を予め用意しておく手法をPDPC法といいます。

【問9】 ○

(解説) パレート図は，不良率や設備の故障などを効率よく低減するための分析をするのに有用です。不良率や故障の多い所から改善するために役に立ちます。

【問10】　○

解説 マトリックス図法には，変量が２種である二次元のもの以外に，三次元や四次元など，多次元のものもあります。

【問11】　×

解説 工程能力指数とは，上限規格から下限規格を差し引いた規格幅を標準偏差の３倍ではなくて，６倍で割って求めます。

【問12】　○

解説 標準偏差をσと書く時，正規分布をするデータにおいて，データが±σの範囲に入る確率は，約68.3％です。

【問13】　○

解説 全数検査が必要な製品の破壊検査は基本的にあり得ません。これを実施すると，出荷できる製品がなくなります。

【問14】　×

解説 Off-JTは，一般に多人数を対象とした教育となり，教育を受ける側の個性を尊重した教育が行われにくいものです。記述は，むしろOJTの特徴です。

【問15】　×

解説 労働時間の開始時刻および終了時刻は，個別の企業ごとに違うことがありますので，就業規則で規定されるものです。

【問16】　○

解説 作業標準に添って業務を行うことは，作業能率，品質安定，安全確保の観点からも，欠かすことのできないことです。

【問17】　○

解説 記述の通りで，自己啓発はOff-JTの一環と言えますが，通信教育や資格取得などがその例ですね。

【問18】　×

解説 ブレーンストーミングの４原則とは，①自由奔放，②批判厳禁，③質より量，④結合・便乗・改変歓迎の４つです。

【問19】　○

解説 集団の目標のため，メンバーが自発的に集団活動に参画し，これを達成するように導いていく役割をリーダーシップといいます。

【問20】　○

解説 作業手順書とは，作業標準に即した作業のやり方を，順を追って書いてある指示書のことをいいます。

【問21】　×

解説　三現主義の現とは，現実，現場，現物の3つをいいます。5ゲン主義の場合に，原理と原則が加わってきます。

【問22】　○

解説　オペレーターとは，運転者のことで，そのメンバーに求められる4要件のうち，異常発見能力とは，異常を捉える眼をもつ，すなわち，異常の起こる予兆を発見できる能力をいいます。

【問23】　×

解説　チョコ停が起こる背景には，設備に何らかの不具合があるということですので，小さなものであっても，エフを付けて改善につなげていく必要があります。

【問24】　○

解説　ワンポイントレッスンとは，教育を受けたリーダーがメンバーにポイントを絞って伝える教育であり，日常活動の中で，メンバーがコンパクトに学習できるものになります。

【問25】　×

解説　モータ回転部の振動は，不具合としては対処しなければならないものです。安全上において回転部にエフは付けられませんが，停止後につけるか，あるいは，その機器がわかるマップなどにエフ付けする工夫が必要です。

【問26】　○

解説　自主保全活動では，QCDSPMEの測定評価項目を用いて評価することもあります。

【問27】　○

解説　「この程度のことは大丈夫だろう」と思うような小さな欠陥を微欠陥と言っています。

【問28】　○

解説　自主保全ステップ展開の第1ステップの前に，職場の写真を多く撮影しておくとよいでしょう。活動後の状態と比較することができます。

【問29】　×

解説　局所を覆うカバーの製作は，専門技術がある程度必要あっても，装置の実態を知っているメンバーが，試行錯誤してでも作ることが望ましいでしょう。

【問30】　○

解説　困難個所とは，作業や点検に手間や時間のかかるものを言います。その対策の目的の一つとして，点検時間の短縮が挙げられます。

【問31】 ○

解説 設備の不具合による故障は，設備に関わる全ての人の意識を変えることで，なくすことができるとされています。

【問32】 ○

解説 自主保全活動のステップ診断においては，内容の診断をするとともに，サークルの中の悩みや進め方の問題点などに関する指導や援助も重要です。

【問33】 ×

解説 きれいな設備を選ぶことは，問題点が少ない設備を選ぶことになり，サークルモデル展開として，望ましくない選定になります。

【問34】 ×

解説 エフ付けやエフ取りの活動は，自主保全活動の第１ステップが終わって次に進んでも，不具合を見つけて改善していく活動として，その後も定着させ，続けるべきことです。

【問35】 ×

解説 自主保全活動を行うにあたって，怪我などの不安全な事案を防ぐために，第１ステップではなく，本活動の前のゼロステップ（準備段階）で行うべきです。

【問36】 ○

解説 設備の条件設定能力は，設備に強い作業者に必要な能力の一つですね。

【問37】 ○

解説 局所カバーは，できるだけ発生源の近くにおいて，汚れの飛散をくい止め，影響を局所化する目的で付けます。

【問38】 ○

解説 強制劣化とは，決められた事項を守らないことで，急激に進む劣化のことをいいます。

【問39】 ×

解説 強制劣化とは，決められた事項を守らないことで，急激に進む劣化のことですので，それを防ぐための活動は，むしろ製造部門の仕事であるべきです。

【問40】 ×

解説 TPMのサークル活動で行うミーティングも，仕事の一環であり，勤務時間内に行います。したがって，できるだけ計画的に準備し，時間もなるべく短く，回数は必要に応じて多く持つことがよいとされています。

【問41】　×

解説　TPM活動では，その活動目標をメンバー自ら決めて，メンバーは全員参加で，その目標に向かって活動します。

【問42】　×

解説　TPM活動は，設備改善と同時に作業者の体質改善も狙いとされます。TPM活動の目標は設備と人の体質改善による企業の体質改善ということになります。

【問43】　○

解説　故障ゼロに対する基本的な考え方の一つに「設備は故障するもの」という古い常識を改めることがあります。

【問44】　×

解説　技能不足によって見逃してしまう欠陥は，物理的潜在欠陥ではなくて，心理的潜在欠陥といわれます。

【問45】　○

解説　設備の機能が徐々に低下して故障に至る故障を，機能低下型故障といいます。

【問46】　○

解説　故障のメカニズムとは，設備などが故障を起こす過程（内訳ストーリー）のことをいいます。

【問47】　×

解説　一年ごとに毎年行う定期修理は，状態基準保全（CBM）ではなくて，時間基準保全（TB）に該当します。

【問48】　×

解説　TPMはトータルということで，「個別改善」も保全部門だけでなく，製造部門や技術部門，間接部門など，生産に関わる全ての部門が展開します。

【問49】　○

解説　故障モードには，変形，クラック，摩耗，断線などが含まれます。

【問50】　×

解説　修理の難易性が判断できるのは，むしろMTTR（平均修理時間）と言えます。MTBFは，設備の運転継続性の指標なので，信頼性の判断材料となります。

【問51】　○

解説 LCCとは，ライフサイクルコストのことで，製品や設備の一生涯の中でかかる総コストのことです。

【問52】　○

解説 設備が故障してから修理しても経済的にそれほど問題なしとして事後保全をすることを計画的事後保全といいます。

【問53】　○

解説 故障度数率とは，故障による停止回数の負荷時間あたりの割合を意味します。

【問54】　×

解説 機械設備の運転を止めなければできない段取り作業は，外段取りではなくて，内段取りといいます。

【問55】　×

解説 暦時間は，土曜・日曜および祝日も考慮せずに，全ての日にちを計算します。

【問56】　×

解説 慢性ロスと呼ばれるものには，一般的には要因と結果の関係が不明瞭なものが多くなります。

【問57】　○

解説「人間の考え方や行動が変われば，設備故障をゼロにできる」という考え方が，故障ゼロの考え方の基本にあります。

【問58】　○

解説 操業時間とは，プラントが操業できる時間であり，暦時間からSDロス時間を引いたものです。

【問59】　○

解説 価値稼働時間とは，正味稼働時間から不良品を作り出した時間を除いたものです。

【問60】　○

解説 再加工ロスとは，不良品の再加工（工程バック）することによるロスをいいます。

【問61】　○

解説 記述の通りです。慢性ロスは，様々な対策をとって一時的に改善しても，時間が経てばまた悪くなることを繰り返す傾向があります。

【問62】　×

解説 なぜなぜ分析という手法は，「なぜ」を経験ではなくて，原理原則に基づいて，繰返して順序良く問いかけて出し尽くし，真の原因を掴むための手法です。

【問63】　○

解説 PM分析では，現象の物理的解析によって，成立する条件を全てリストアップすることになります。

【問64】　×

解説 ブレーンストーミングでは，他の人のアイデアを批判することを禁じています。

【問65】　○

解説 調節とは，一般に作業を勘やコツに頼らずに，機械的にできるように簡素化・単純化することです。

【問66】　×

解説 正しい状態から外れているものを，正しい状態に戻すことは改善ではなくて復元です。改善とは，これまでの水準を向上させることをいいます。

【問67】　×

解説 「過剰な包装」はECRSの中でいえば，Sの簡素化対象に該当します。

【問68】　○

解説 FTAは，ヒューマンエラーの発生経路や発生原因の解析に適しています。

【問69】　○

解説 記述の通りです。価値分析であるVAの目的は，必要な機能を最小のコストで得ることと言えます。

【問70】　×

解説 記述は逆になっています。調整作業を調節化することを目指すべきです。調整作業は，人間が行うことで，これを機械化して調節にする改善が望まれます。

【問71】　×

解説 PM分析の検討において，現象の物理的解析はするべきです。

【問72】　○

解説 改善の4原則としてのECRSは，排除，結合，置換，簡素化のことです。

【問73】　○

解説 動作経済の原則としては，「動作方法」，「作業場所」，「治工具および機械」の3つを対象としています。

【問74】　○

解説 記述の通りです。外段取りとは，設備稼働中に工程を離れて行うことのできる段取りをいいます。

【問75】　○

解説 ラインバランス分析は，作業工程間のバランスのよしあしを，編成効率という指標で数値化できる手法です。

【問76】　×

解説 記述は，VEではなくて，VAのものとなっています。

【問77】　○

解説 PM分析の進め方のステップにおいて，その第一ステップでは，現象の明確化を行い，現象を正しく把握するために，データの層別を十分に行います。

【問78】　○

解説 「なぜ」の意味を具体的に表現することが重要です。「故障した」では，内容が現れません。

【問79】　○

解説 回復すべき問題にも，向上すべき課題にも，現状と目標とに「差」があるということは共通ですね。

【問80】　○

解説 QCストーリーにも，問題解決型と課題達成型とがあるとされます。

【問81】　×

解説 ボルトがゆるむ原因には，振動，衝撃荷重に加えて，温度変化もあります。

【問82】　○

解説 記述の通りです。潤滑油の効果の一つとして，防じん作用もあります。

【問83】　×

解説 作動油の粘度は，温度上昇とともに低くなります。

【問84】　×

解説 油圧タンクの作動油の点検は，作動中と停止中とでタンクの液面が異なるなど，事情が違うので作動中に実施します。

【問85】　×

解説　シリンダやモータの始動・停止・流れ方向の切換えを目的として制御するのは，レギュレータではなくて，電磁弁になります。

【問86】　○

解説　記述の通りです。アキュムレータは，回路内の油圧の変動や脈動を軽減する役割を持ちます。

【問87】　×

解説　歯車の歯形には，2種類あって，インボリュート歯形とサイクロイド歯形です。

【問88】　○

解説　転がり軸受は，摩擦をせずに転がるので，摩耗は少なくなります。

【問89】　×

解説　電動機には，交流電源も直流電源も，ともに用いられます。

【問90】　×

解説　光の変化を検知するセンサーは，リミットスイッチではなくて，光電スイッチになります。

【問91】　×

解説　電気めっきは交流電源では行われません。直流電源が必要です。

【問92】　×

解説　電気回路の3要素と言えば，電圧，電流，抵抗です。

【問93】　○

解説　三相交流は，単相交流に比して，電気回路図が複雑にはなりますが，機械的構造が簡潔になり，頑丈な構造が可能になります。

【問94】　○

解説　じん性とは，物質の粘り強さを表す技術用語で，粘り強くて，衝撃破壊を起こしにくいかどうかの程度をいいます。

【問95】　○

解説　クロム系ステンレス鋼は強磁性，ニッケル－クロム系ステンレス鋼は非磁性です。

【問96】　×

解説　記述は逆で，六四黄銅は銅60％亜鉛40％の組成です。

【問97】　○

解説　高速度鋼とは，工具鋼の高温下での性質を改善し，より高速での金属材料の切削を可能にする工具材料として開発されたものです。

【問98】　○

解説　等角投影で製図する図は，等角図と言われ，一つの図で，立体形状の三面を同程度に表現します。

【問99】　○

解説　表面性状には，表面粗さ，うねり，筋目方向，表面模様があります。

【問100】　○

解説　寸法公差とは最大許容寸法と最小許容寸法との差をいいます。

索　引

数字

アルファベット

A

B

C

D

E

F

H

I

K

L

M

N

O

P

Q

R

S

T

U

V

W

X

Z

あ

い

う

え

お

か

き

く

け

こ

す

せ

そ

た

ち

つ

て

と

な

に

ぬ

ね

の

は

編著者紹介

エルク研究所

工学・技術・環境系の資格試験の研究のために組織された専門家集団

弊社ホームページでは，書籍に関する様々な情報（法改正や正誤表等）を随時更新しております。ご利用できる方はどうぞご覧下さい。http://www.kobunsha.org
正誤表がない場合，あるいはお気づきの箇所の掲載がない場合は，下記の要領にてお問合せ下さい。

集中マスター！

自主保全士2級検定試験

編　　著　エルク研究所

印刷・製本　亜細亜印刷株式会社

発行所　株式会社　弘文社

〒546-0012 大阪市東住吉区
中野2丁目1番27号
☎ (06)6797-7441
FAX (06)6702-4732
振替口座 00940-2-43630
東住吉郵便局私書箱1号

代表者　岡﨑　靖

ご注意
（1）本書は内容について万全を期して作成いたしましたが，万一ご不審な点や誤り，記載もれなどお気づきのことがありましたら，当社編集部まで書面にてお問い合わせください。その際は，具体的なお問い合わせ内容と，ご氏名，ご住所，お電話番号を明記の上，FAX，電子メール（henshu2@kobunsha.org）または郵送にてお送りください。
（2）本書の内容に関して適用した結果の影響については，上項にかかわらず責任を負いかねる場合がありますので予めご了承ください。
（3）落丁・乱丁本はお取り替えいたします。